Tech 640
und

SU: Dampflokomotive/
Eisenbahntechnik

2 8 JUN

Dirk Endisch · So funktioniert die Dampflok

Dirk Endisch

So funktioniert die Dampflok

Einbandgestaltung: Dos Luis Santos
Titelbilder: Dirk Endisch

ISBN: 3-613-71221-0

Lektorat: Hartmut Lange
Innengestaltung: Marit Wolff
Reproduktionen: digi bild reinhardt, 73037 Göppingen
Druck: Henkel GmbH Druckerei, 70435 Stuttgart
Bindung: Sigloch Buchbinderei GmbH & Co.,
74572 Blaufelden
Printed in Germany

Inhalt

Vorwort

Der planmäßige Dampfbetrieb auf Deutschlands Regelspurgleisen ist seit 1988 Geschichte. Doch von ihrer Faszination hat die Dampflok bis heute nichts verloren. Kein Wunder, welche Technik setzt sonst die drei Urgewalten Wasser, Feuer und Kohle so eindrucksvoll in Kraft und Geschwindigkeit um wie die gute alte Dampflok. Wo immer einer dieser imposanten, zig Tonnen schweren Stahlgiganten seine Dampf- und Rauchwolken in die Luft bläst, steht er im Mittelpunkt. Neugierig bestaunen die Zuschauer den großen Kessel mit seinen Aufbauten, Ventilen und Flanschen, den zahllosen Leitungen und Stellstangen. Die mächtigen, roten Räder mit den schweren, ölglänzenden Stangen und der voluminöse Zylinderblock flößen Respekt ein. Und dann die Geräuschkulisse: Das Zischen der Ventile, das Schmatzen der Pumpen und ihre unverwechselbare »Stimme«, wenn die Maschine sich in Bewegung setzt. Auch wenn die Dampflok steht, es tut sich immer was. Wer dann auch noch das große Glück hat, den Führerstand zu erklimmen, weiß meist nicht, wohin er zuerst blicken soll – auf den großen Rost, auf die vielen Handräder und Manometer oder den Kessel. Das Personal muss dann meist zahllose Fragen beantworten, von denen die meisten mit den Worten beginnen »Was ist denn das . . .?« oder »Wie funktioniert . . .?«.

Eigentlich funktioniert eine Dampflok ganz einfach: Kohle wird verbrannt und setzt dabei Wärme frei. Mit dieser Wärme wird Wasser verdampft. Der Dampf wird dann im Zylinder in Arbeit umgewandelt – die Lok bewegt sich und zieht einen Zug.

Doch so einfach, wie das jetzt klingt, ist das in der Praxis nun auch wieder nicht. Wasser und Dampf habe ganz spezielle Eigenschaften und müssen mit speziellen Bauteile »gebändigt« werden. Auf den folgenden Seiten sollen dem Leser dafür die Grundlagen und -begriffe der Dampflok-Technik leicht verständlich erläutert werden. Nach der Beschreibung der wichtigsten Bauteile erfährt der Leser, welche Aufgaben und Pflichten das Lokpersonal vor, während und nach der Fahrt hat.

Dieses Buch soll und will kein Lehrbuch für angehende Heizer oder Dampflokführer sein, sondern ist als Einstieg in die Dampflok-Technik gedacht. Wer es dann noch detaillierter wissen will, der sollte auf die einschlägige Fachliteratur zurückgreifen. Neben den »Klassikern« Brosius/Koch (»Die Schule des Locomotivführers«) und dem Alexander (»Die Lokomotive ihr Bau und ihre Behandlung«) sei hier noch auf den Niederstraßer (»Leitfaden für den Dampflokomotivdienst«) und »Die Dampflokomotive« verwiesen. Und wem das immer noch nicht reicht, der sollte die bekannten Ingenieurhandbücher aus der Feder von Meineke und Röhrs (»Die Dampflokomotive, Lehre und Gestaltung«) und Eckhardt (»Die Konstruktion der Dampflokomotive und ihre Berechnung«) studieren. Sie vertiefen die Thematik noch weiter, deren Grundlage auf den folgenden Seiten erklärt werden.

Korntal-Münchingen, im Oktober 2003
Dirk Endisch

Links: Gleich geht's los: 99 590 der IG Preßnitztalbahn wartet am 16. Februar 2001 im Bahnhof Schlössel auf den Abfahrauftrag. Foto: Dirk Endisch

Faszination Dampf-Bahn: Wann immer eine Dampflok fährt, sorgt ihre Technik für Aufsehen. Am 21. September 1997 beobachten Opa und Enkelin die 50 3616 bei Raschau im Erzgebirge.

Foto: Dirk Endisch

1. ACHSFOLGE, GATTUNG UND BAUREIHE:

Die Bezeichnung und Anschriften einer Dampflok

Die Führerhausseitenwand einer Lokomotive der Deutschen Reichsbahn oder der Deutschen Bundesbahn ist mit allerlei Schildern und Beschriftungen versehen, aus denen der Fachmann ein Vielzahl von Informationen über die Maschine entnehmen kann. Aber vor allem für jüngere Eisenbahnfreude sind diese Zahlen- und Buchstabenkombinationen auf den ersten Blick unverständlich. Da diese jedoch von elementarer Bedeutung sind, sollen die wichtigsten Bezeichnungen hier kurz beschrieben werden.

1.1 Bauart und Betriebsgattung

Prinzipiell werden Dampflokomotiven in Deutschland nach ihrer Bauart unterschieden. Allerdings gab es im Deutschen Reich bis Anfang der 1920er-Jahre keine einheitliche Festlegung für die Bezeichnung der **Bauart** einer Maschine. Die meisten Bahnverwaltungen und Lokomotivfabriken bezeichneten lediglich die Achsanordnung der Lokomotiven mit Brüchen. Die Angaben waren jedoch weder einheitlich noch eindeutig. So konnte 2/4 für eine 1´D 1´- oder für eine 2´D-Maschine stehen. Im englischsprachigen Raum, vor allem in den USA und in Großbritannien wurden bestimmte Achsanordnungen mit Namen versehen. Die wichtigsten und bekanntesten Bezeichnungen waren dabei:

1´A	Planet
1´B	Four wheeler
1´B1´	Columbia
2´B	American
2´B1´	Atlantic
2´B´2´	Double Ender
C	Six-wheeled switcher oder Bournonais oder Sixcoupler
1´C	Mogul
1´C´1	Prairie
2´C	Ten wheeler
2´C1´	Pacific
2´C2´	Baltic oder Hudson

D	Eight-wheeled switcher oder Eightcoupler
1´D	Consolidation
1´D1´	Mikado
2´D1´	Mountain
E	Ten-wheeled switcher oder Tencoupler
1´E	Decapod
1´E1´	Santa Fé oder Lorraine

Allerdings gaben diese Bezeichnungen keinerlei Auskunft über die Bauart des Triebwerks. So konnte eine »Pacific« ein Zweizylinder-, ein Dreizylinder- oder ein Vierzylinderverbund-Triebwerk haben. Technisch und betrieblich machte dies einen großen Unterschied!

Erst die im Ersten Weltkrieg aufkommende Normierung von Baugruppen und Bauteilen im Zuge der Deutschen Industrie-Normen (DIN) beendete diesen unklaren Zustand. So gründeten die deutschen Lokomotivfabriken am 13. Februar 1918 den Lokomotiv-Normen-Ausschuss, dessen Vorsitz der Direktor der Hanomag, Erich Metzeltin (1871–1948), übernahm. Bevor sich der Ausschuss jedoch um technische Details kümmern konnte, musste er erst einmal verbindliche und einheitliche Bezeichnungen für die Bauart der Lokomotiven und die einzelnen Bauteile einführen. Mitunter gab es für dasselbe Bauteil unterschiedliche Bezeichnungen in Nord- und Süddeutschland. Innerhalb weniger Monate legte der Lokomotiv-Normen-Ausschuss (LON) die entsprechenden Unterlagen vor. Die LON-Norm Nr. 52 regelte schließlich die Bezeichnung der Bauart, die nun neben Angaben zur Achsfolge auch Informationen zum Triebwerk umfasste. So bedeutet die Formel 1´D1´h 2 übersetzt:

Rechts: Zahlreiche Eisenbahnvereine kümmern sich in allen Teilen Deutschland um historische Dampflokomotiven. Vor dem Lokschuppen in Salzwedel standen am 1. September 2003 gleich vier Maschinen. Foto: Dirk Endisch

Imposant sind die 2,30 Meter hohen Kuppelräder der 18 201, die mit einer Höchstgeschwindigkeit von 175 km/h Europas schnellste betriebsfähige Dampflok ist. Foto: Dirk Endisch

Zu den stärksten deutschen Dampfloks gehörten die Maschinen der Baureihe 44. Nicht umsonst wurden sie von dem Personalen als »Jumbos« bezeichnet. In der Abendsonne des 22. September 2003 sonnte sich die 44 1338 in Chemnitz-Hilbersdorf.
Foto: Dirk Endisch

1´ = eine bewegliche Laufachsen vorne
D = vier gekuppelte Achsen (A = eine Achse, B = zwei Achsen, C = drei Achsen, E = fünf Achsen, F = sechs Achsen)
1´ = eine bewegliche Laufachse hinten
h = Heißdampf-Triebwerk (»n« für Nassdampf-Triebwerk)
2 = zwei Zylinder (3 = drei Zylinder, 4 = vier Zylinder)

Mitunter steht hinter der Zylinderzahl noch ein »v« für »Verbundtriebwerk«. Bei diesen Maschinen wird der Dampf zuerst in einem Hochdruckzylinder teilentspannt und gelangt dann in einen deutlich größeren Niederdruckzylinder, wo er ein zweites Mal Arbeit verrichtet.

Auch die **Tender** der Schlepptender-Lokomotiven werden nach einem bestimmten System bezeichnet. So bedeutet zum Beispiel 2´2´T 32:

2´2´ = zwei bewegliche Drehgestelle
T = Tender
32 = 32 m³ Wasservorrat

Eine wichtige Rolle bei den Bauart-Bezeichnungen spielt das Apostroph hinter den Zahlen oder Buchstaben. Das Apostroph zeigt an, ob die Achsen beweglich gelagert sind oder fest im Rahmen ruhen. Die frühen Einheits-Tender der Bauart 2´2 T 30 besitzen zum Beispiel ein bewegliches Drehgestell mit zwei Achsen hinten und zwei fest im Rahmen gelagerte Achsen vorne.

Welche Bedeutung das Apostroph hat, lässt sich sehr gut an den bekannten Mallet-Lokomotiven des Harzes und der bekannten sächsischen IV K zeigen. Während die IV K als Bauart B´B´n4v bezeichnet wird, gehören die Mallets zur Bauart B´Bn4v. Das Apostroph hinter dem zweiten B fehlt, da die hinteren Achsen bei den Mallet-Maschinen fest im Rahmen gelagert sind. Ein kleines Zeichen mit einer großen Bedeutung!

Die Deutsche Reichsbahn-Gesellschaft (DRG) führte 1925 zur weiteren Unterscheidung ihrer Dampflokomotiven noch die **Betriebsgattung** ein. Im Zuge der Einführung der neuen Baureihen-Nummern erhielten nun alle Maschinen auf beiden Seiten des Führerstandes ein Gattungsschild, das normalerweise links neben dem Aufstieg am Führerhaus montiert wurde. Bei einigen Maschinen wurde die Betriebsgattung auch direkt mit weißer Farbe ans Führerhaus geschrieben.

Die Deutsche Reichsbahn bezeichnete ihre rekonstruierten Schnellzugloks als Baureihe 01^5, die zu den leistungsfähigsten deutschen Dampfloks gehörten. Die Museumslok 01 519 stellt noch heute ihr Können unter Beweis, wie hier in Hochdorf am 13. April 2001. Foto: Dirk Endisch

Das Gattungsschild enthält Informationen über den Verwendungszweck (auch Bauartgruppe genannt), die Anzahl der gekuppelten Achsen, die Anzahl der gesamten Achsen und über die mittlere Achsfahrmasse der Maschine. So trugen die Lokomotiven der Baureihe 50 zum Beispiel das Gattungsschild G 56 15:

G   bedeutet Güterzuglokomotive
5   bedeutet fünf gekuppelte Achsen
6   bedeutet sechs Achsen insgesamt
    (ohne Tender)
15 bedeutet eine Achsfahrmasse von 15 Tonnen

Über der Angabe der Achsfahrmasse war bei einigen Maschinen ein Dreieck mit oder ohne waagerecht darüber liegendem Rechteck angebracht. Das Dreieck bedeutete, dass die Maschine konstruktiv die Begrenzung des Lichtraumprofils II (Anlage F der Bau- und Betriebsordnung) überragte. Das Rechteck hingegen gab an, dass diese Überschreitung durch das Entfernen einzelner Teile, zum Beispiel durch den Abbau des Schornsteinaufsatzes oder – in späteren Jahren – der Rangierfunkantenne, wieder beseitigt werden konnte.

Neben der Bauartgruppe »G« gab es noch die Bauartgruppen »S« (Schnellzuglokomotiven), »P« (Personenzuglokomotiven), »Pt« (Personenzugtenderlokomotiven), »Gt« (Güterzugtenderlokomotiven), »Z« (Zahnradlokomotiven), »L« (Lokalbahnlokomotiven), »K« (Kleinspur-Lokomotiven, heute Schmalspurlokomotiven).

Die Deutsche Bundesbahn (DB) schaffte im November 1951 die Gattungsschilder ab, die in den folgenden Monaten entfernt wurden. Lediglich die Angaben zum Überschreiten des Lichtraumprofils wurden beibehalten. Dieses Schild bezeichnete die DB offiziell als »Begrenzungszeichen«. Die Deutsche Reichsbahn (DR) in der DDR rüstete ihre Dampflokomotiven bis zum Ende mit einem Gattungsschild aus, auch wenn sie zum Schluss nur noch direkt an die Führerhauswand geschrieben waren.

Am **Führerhaus** einer Dampflok waren neben dem Nummern- und dem Gattungsschild aber noch andere Schilder angebracht. Über dem Lokschild hatte das so genannte Eigentumsschild seinen Platz. Dies waren entweder der Schriftzug »Deutsche Reichsbahn«, den die DR in der DDR beibehielt, der Schriftzug »Deutschen Bundesbahn« (1949 bis 1957) oder das DB-Signet. Zahlreiche Museumsbahnen, Betreiber von Schmalspurbahnen und Eisenbahn-Vereine haben in den vergangenen Jahren für ihre Lokomotiven neue Eigentumsschilder anfertigen lassen, die in ihrer Form und Ausführung oft dem »DB-Keks« oder dem Reichsbahn-Schriftzug nachempfunden sind. So tragen zum Beispiel die Maschinen der Harzer Schmalspurbahnen entsprechende Schilder.

Weiterhin waren am Führerhaus die Schilder der Heimat-Direktion (Rbd = Reichsbahndirektion; ED = Eisenbahndirektion; BD = Bundesbahndirektion) und der Heimat-Dienststelle (Bw = Bahnbetriebswerk) zu finden. Diese Schilder haben heute zum überwiegenden Teil nur noch einen historischen bzw. nostalgischen Wert. Denn eine Rbd Halle oder eine BD Hannover sind seit der Bahnreform Geschichte. Auch die Tore des Bw Güsten oder des Bw Lehrte haben sich schon lange für immer geschlossen.

Über dem Gattungsschild war bei vielen Lokomotiven mit weißer Farbe die Abkürzung »WM 10« oder »WM 80« an die Führerhauswand geschrieben. Diese beiden Abkürzungen besaßen keine direkte betriebliche Bedeutung, da sie lediglich die Güte des verwendeten Lagermetalls angaben. »WM 10« war ein eine Weißmetall-Legierung mit einem Zinngehalt von rund 10 Prozent. Das hochwertigere und für höhere Belastungen ausgelegte WM 80 besaß dagegen einen Zinngehalt von 79 bis 81 Prozent. Ein roter Punkt neben dem Gattungsschild kennzeichnete schließlich die vorhandene Stahlfeuerbüchse bei einer Lok, wenn es innerhalb einer Baureihe auch Maschinen mit einer Feuerbüchse aus Kupfer gab.

1.2 Das Nummernsystem der DRG

Bis zur Gründung der Reichseisenbahnen am 1. April 1920, die ab 27. Juni 1921 als »Deutsche Reichsbahn« bezeichnet wurden, waren in Deutschland die Länder für die Eisenbahn verantwortlich. So unterhielten Baden, Bayern, Mecklenburg-Schwerin, Oldenburg, Preußen, Sachsen und Württemberg eigene Staatsbahnen. Jeder dieser Verwaltungen hatte ihre eigenen Fahrzeuge, die nach länderspezifischen Gesichtspunkten entwickelt worden waren. Jede Staatsbahn besaß natürlich auch ihr eigenes Bezeichnungs- und Nummernsystem. Als die Reichseisenbahnen 1920 die Lokomotiven der Länderbahnen übernahmen, musste zuallererst ein einheitliches System für die über 400 verschiedenen Typen gefunden werden. Das dauerte natürlich seine Zeit, erst im Herbst 1925 legte das Reichsbahn-Zentralamt (RZA) den so genannten dritten und endgültigen Umzeichnungsplan vor. Das RZA hatte mit ihm ein simples und logisches Nummernsystem geschaffen, das die Deutsche Bahn AG in weiterentwickelter Form noch immer nutzt.

Die Deutsche Reichsbahn unterteilte ihren Fahrzeugpark nach Baureihen (BR) von 01 bis 99 und nach Bauartgruppen:

Die Deutsche Reichsbahn-Gesellschaft schuf 1925 ein einheitliches Bezeichnungssystem, das im Wesentlichen bis heute besteht. Rechts unten ist das Gattungsschild gut zu erkennen. Foto: Dirk Endisch

Baureihe	Bauartgruppe
01 – 19	Schnellzuglokomotiven
20 – 39	Personenzuglokomotiven
41 – 59	Güterzuglokomotiven
60 – 61	Schnellzugtenderlokomotiven
62 – 79	Personenzugtenderlokomotiven
80 – 96	Güterzugtenderlokomotiven
97	Zahnradlokomotiven
98	Lokalbahnlokomotiven
99	Schmalspurlokomotiven

Innerhalb der einzelnen Bauartgruppen ordnete das RZA die einzelnen Typen der Achsfolge nach, beginnend mit dem Zweikuppler. Dabei hielt man die erste Dekade immer für die geplanten neuen Einheitslokomotiven frei. In den 1930er-Jahren wich die Reichsbahn jedoch in einigen Fällen von dieser Vorgabe ab, wie die Einheitsloks der Baureihen 50, 52, 71 und 89 zeigen.

Die Baureihen-Nummer war jedoch bei den Länderbahn-Maschinen oft nicht mehr als eine Zuteilung. Die bis zu vier Stellen umfassende Ordnungsnummer nutzte das RZA zu einer weiteren Aufteilung in Unterbaureihen. So wurden die Schnellzugloks mit der Achsfolge 2′C der Baureihe 17 zugeteilt. Innerhalb dieser Baureihe fasste das RZA schließlich

die preußische S 10 (Baureihe 17^{0-1}),
die preußische S 10^2 (Baureihe 17^2),

die bayerische C V (Baureihe 17^3),
die bayerische S 3/5 N (Baureihe 17^4),
die bayerische S 3/5 H (Baureihe 17^6),
die sächsische XII H (Baureihe 17^6),
die sächsische XII HV (Baureihe 17^7),
die sächsische XII H1 (Baureihe 17^8) und
die preußische S 10^1 (Baureihe 17^{10-12})
zusammen.

Doch nicht nur bei den Länderbahn-Maschinen gab es Unterbaureihen. Die Deutsche Reichsbahn führte in den 1930er-Jahren auch bei den Ein-

heitslokomotiven Unterbaureihen ein. So erhielten die aus den Baureihe 01 und 03 abgeleiteten Dreizylinder-Maschinen die Bezeichnung 01^{10} beziehungsweise 03^{10}.

Bundes- und Reichsbahn übernahmen nach dem Zweiten Weltkrieg das Nummernsystem, modifizierten es entsprechend ihren Vorstellungen und vergaben einige neue Unterbaureihen. Aus diese Weise kam es schließlich auch zu einigen, wenigen Doppelungen. Während die Baureihe 50^{40} bei der DB für die 50er mit Franco-Crosti-Kesseln

vergeben wurde, fasste die DR unter der Baureihe 50^{40} ihre Neubau-50er zusammen. Die Bundesbahn schuf jedoch deutlich weniger neue Unterbaureihen, da sie ihre in den 1950er-Jahren modernisierten Maschinen, die so genannten Umbauloks, nicht umzeichnete. Die DR hingegen vergab für die Mehrzahl ihre Rekoloks neue Unterbaureihen.

So wurden die modernisierten 01er zur Baureihe 01^5, die Reko-Loks der Baureihen 50, 52 und 58 zu den neuen Unterbaureihen 50^{35}, 52^{80} und 58^{30}. Für die umgebauten Maschinen der ehemaligen preußischen Reko-P 10 schuf die DR sogar die neue Baureihe 22. Bei den Typen, von denen entweder alle vorhandenen oder die Mehrzahl der Maschinen rekonstruiert wurden, blieben die alten Loknummern erhalten, wie zum Beispiel bei den Baureihen 03, 03^{10}, 23^0, 18^3 und 19^0. Erst mit der Einführung EDV-gerechter Betriebsnummern Ende der 1960er-/Anfang der 1970er-Jahre gingen Reichs- und Bundesbahn eigene Wege.

1.3 Das EDV-gerechte Nummernsystem der DB

Die Deutsche Bundesbahn (DB) setzte am 1. Januar 1968 ihre neues Nummernsystem in Kraft. Die neuen Betriebsnummern konnten nun in der elektronischen Datenverarbeitung genutzt werden. Die DB führte anstelle der bisher zweistelligen eine dreistellige Baureihen-Nummer ein; die Ordnungsnummer war nun generell dreistellig. Die Lokschilder wurden außerdem um eine siebente Kontrollziffer ergänzt, die nach einem Strich hinter der Ordnungsnummer stand. Die Kontrollziffer besaß jedoch keine betrieblich Relevanz, sondern diente nur dazu, eventuelle Schreib- und Tippfehler zu erkennen.

In den meisten Fällen stellte man bei den Dampflokomotiven der alten Baureihen-Nummer nur eine 0 voran und von vierstelligen Ordnungsnummern

Mit der Einführung der EDV-gerechten Nummern bei der Deutschen Bundesbahn wurden die 50er mit 3000er-Ordnungsnummern zur neuen Baureihe 053 umgezeichnet. Hinter der 053 091-3 verbarg sich die ehemalige 50 3091. Die Lok wurde am 5. Dezember 1974 im Bw Saarbrücken ausgemustert.

Foto: Jürgen Krantz, Archiv Dirk Endisch

wurde die erste Ziffer gestrichen. So wurde die 55 2738 zur 055 738-9. In einigen Fällen war die Bundesbahn auch gezwungen neue Baureihen-Nummern zu vergeben. Dies waren:

Baureihe 011 Baureihe 01[10] mit Kohlefeuerung
Baureihe 012 Baureihe 01[10] mit Ölhauptfeuerung
Baureihe 042 Baureihe 41 mit Ölhauptfeuerung
Baureihe 043 Baureihe 44 mit Ölhauptfeuerung
Baureihe 051 Loks der Baureihe 50 mit den
                Ordnungsnummer 1001 bis 1999
Baureihe 052 Loks der Baureihe 50 mit den
                Ordnungsnummer 2001 bis 2999
Baureihe 053 Loks der Baureihe 50 mit den
                Ordnungsnummer 3001 bis 3171

Für die Berechnung der **Kontrollziffer** gab es eine exakt festgelegte Methode. Unter die neue Betriebsnummer schrieb man die Ziffern 121212, mit der dann die untereinander stehenden Ziffern multipliziert wurden. Von den Produkten wurde dann die Quersumme berechnet. Die Differenz zwischen der Quersumme und der nächsten Zehnerzahl ergab schließlich die Kontrollziffer. Im Fall der 055 738 sieht das dann so aus:
055 738
121 212
0-10-5-14-3-16
Quersumme: 0+1+0+5+1+4+3+1+6=21
Nächste Zehnerzahl: 30 – 30-21=9
Kontrollziffer: 9

1.4 Das EDV-gerechte Nummernsystem der DR

Die Deutsche Reichsbahn in der DDR (DR) zeichnete mit Wirkung zum 1. Juni 1970 ihre Lokomotiven und Triebwagen um und führte damit ihre neuen, EDV-gerechten Betriebsnummern ein. Im Gegensatz zur DB behielt die DR bei ihren Dampflokomotiven jedoch die zweistelligen Ordnungs

Die Deutsche Reichsbahn behielt 1970 bei der Einführung der EDV-gerechten Betriebsnummern die zweistelligen Baureihennummern bei. So brauchte das Lokschild der 52 8154 nur noch um die Kontrollziffer ergänzt zu werden.
Foto: Dirk Endisch

nummern bei und führte dafür generell vierstellige Ordnungsnummern ein. Die Kontrollziffer hinter dem Strich hatte, wie bei der Bundesbahn, keine direkte betriebliche Bedeutung und wurde nach demselben Schema ermittelt.
Die Reichsbahn nutzte die Ordnungsnummern nun dazu, um die Feuerungsart der Lokomotiven zu kennzeichnen. Kohlegefeuerte Maschinen erhielten die Ordnungsnummern 1001 bis 8999. Bei dreistelligen Ordnungsnummern wurde meist nur eine 1 vorangestellt. Ausnahmen bildeten die Baureihen 01 und 03. Die Altbau-01er und die Zweizylinder-03er bekamen eine 2. So wurde aus der 01 118 die 01 2118-6. Maschinen mit einer Ölhauptfeuerung, wie zum Beispiel die Baureihen 01[5], 03[10], 44, 50[50] und 95 wurden mit einer 0 als erster Ziffer in der Ordnungsnummer gekennzeichnet. Die 95 016 wurde so zur 95 0016-6. Dampfloks mit einer Kohlenstaubfeuerung erhielten hingegen eine 9000er-Nummer. Dies betraf 1970 aber nur noch die kohlenstaubgefeuerten Maschinen der Baureihen 44 und 52.
Um Verwechslungen mit Diesel- und Elloks durch eine falsche Schreibweise oder Eingabefehler zu verhindern, zeichnete die DR einige, wenige Bau

reihen um. So entstanden 1970 folgende neue beziehungsweise modifizierte Baureihen:

Baureihe 01.00	Baureihe 01^5 mit Ölhauptfeuerung
Baureihe 01.15	Baureihe 01^5 mit Kohlefeuerung
02 0201-0	18 201
02 0314-1	18 314
Baureihe 03.00	Baureihe 03^{10} mit Ölhauptfeuerung
Baureihe 04.00	Baureihe 19 mit Ölhauptfeuerung
Baureihe 35.10	Baureihe 23^{10}

Baureihe 35.20	Baureihe 23
Baureihe 37.10	Baureihe 24
Baureihe 39.10	Baureihe 22
Baureihe 44.0	Baureihe 44 mit Ölhauptfeuerung
Baureihe 44.9	Baureihe 44$^{(Kst)}$
Baureihe 50.0	Baureihe 50^{50}
Baureihe 52.9	Baureihe 52$^{(Kst)}$
Baureihe 95.00	Baureihe 95 mit Ölhauptfeuerung

Bei den noch vorhandenen zahlreichen Schmalspur-Dampfloks diente die Tausenderstelle der Ordnungsnummer nicht nur zur Unterteilung der

Bei der Einführung des gemeinsamen Nummernsystem von Bundes- und Reichsbahn 1992 verloren die noch vorhandenen Schmalspurloks ihre Jahrzehnte alten Ordnungsnummern. Hinter der 099 713, die am 14. Oktober 1992 in Oschatz rangierte, verbarg sich die 99 608.
Foto: Dirk Endisch

Feuerungsart, sondern auch der Zuordnung der Spurweite. Maschinen mit 600 mm Spurweite erhielten so 3000er-Nummern. Die Maschinen mit 750 mm Spurweite bekamen hingegen 1000er- und 4000er-Nummern. Dabei brauchte man den Ordnungsnummern der Baureihen 99^{51-60}, 99^{64-71}, 99^{73-76} und 99^{77-79} nur eine 1 voranzustellen. So wurde am 1. Juni 1970 aus der 99 771 die 99 1771-7. Die 2000er-Nummern wurden den Loks mit 900 mm Spurweite zugewiesen. Dabei wurde der alten Ordnungsnummer nur eine 2 vorangestellt.

Die Meterspur-Maschinen hingegen reihte die DR in 5000er-, 6000er- und 7000er-Ordnungsnummern ein. Die Ordnungsnummern der Baureihen 99^{22} und 99^{23-24} wurden dabei nur eine 7 ergänzt. Aus der 99 231 wurde nun 99 7231-6. Mit dem Umbau der Baureihe 99^{23-24} auf Ölhauptfeuerung in der zweiten Hälfte der 1970er-Jahre änderte sich die Nummern noch einmal. Die 7 wurde nun durch eine 0 ersetzt.

1.5 Das Nummernsystem ab 1992

Mit der deutschen Wiedervereinigung im Herbst 1990 und der nun notwendigen Fusion von Bundes- und Reichsbahn stand auch die Schaffung eines einheitlichen Nummernsystems für beide Bahnen zur Debatte. Aus technischen und finanziellen Gründen wurden schließlich die Betriebsnummern der Reichsbahn-Loks dem System der Deutschen Bundesbahn angepasst. Die Maschinen der DR erhielten ab 1. Januar 1992 neue Nummern. Die Dampfloks bekamen nun, wie bei der DB seit 1968 üblich, eine dreistellige Baureihen- und eine dreistellige Ordnungsnummer. Bei den Regelspur-Lokomotiven wurde der Baureihennummer lediglich eine 0 vorangestellt und bei der Ordnungsnummer die erste Ziffer gestrichen. Da die DB 1992 keine Dampfloks mehr in ihrem Bestand hatte, waren doppelte Nummern im Fahrzeugpark ausgeschlossen. Aus der 86 1333-3 wurde nun die 086 333-2. Die wenigsten Maschinen trugen aber noch die neuen Nummernschilder – die DR bot sie zum Verkauf an.

Bei der Umzeichnung der Schmalspurloks trieb die DR einen deutlich größeren Aufwand. Sie vergab völlig neue Ordnungsnummern, die keine Rückschlüsse mehr auf die alte Nummer zuließen. Dabei wurden die neuen Ordnungsnummern nach Spurweiten geordnet:

BR 099.1   Spurweite 1.000 mm
BR 099.7   Spurweite 750 mm
BR 099.9   Spurweite 900 mm

Lediglich den Schmalspurloks des Bw Wernigerode blieb die Umzeichnung aufgrund der beschlossenen Privatisierung der Harzer Schmalspurbahnen erspart. Die anderen Maschinen hingegen erhielten im Dezember 1991 neue Lokschilder.

Als 099 737 war ab 1. Januar 1992 die 99 772 unterwegs, die im Frühjahr 1996 in Oberwiesenthal auf neue Aufgaben wartete. Foto: Dirk Endisch

2. KOHLE, FEUER UND WASSER:

Ohne Physik und Chemie geht es nicht

Egal ob Schnellzug- oder Schmalspurmaschine, jede Dampflok funktioniert nach denselben Prinzipien. Gemächlich dampfte 99 568 am 1. Mai 2002 durch das Erzgebirge bei Schmalzgrube. Foto: Dirk Endisch

2.1 Temperatur und Wärme

Soll Wasser in einem Topf erhitzt werden, muss man die notwendige Wärme zuführen. Die Temperatur wird in Deutschland in Grad Celsius (° C) angegeben. In anderen Ländern sind auch Grad Fahrenheit[1] (° F) oder Grad Réaumur[2] (° R) gebräuchlich. Der schwedische Astronom und Wissenschaftler Andreas Celsius (1701–1744) erfand 1742 die nach ihm benannte 100-teilige Temperaturskala. Allerdings nahm Celsius den Siedepunkt des Wasser als Nullpunkt und den Gefrierpunkt als 100. Punkt an. Erst Carl von Linné (1707–1778) kehrte die Skala um. Die Wärmemenge wird als Wärmeeinheit bezeichnet. Sie wurde zur Dampflokzeit als Kilokalorie (kcal) angegeben.

Wird ein Körper erwärmt, so vergrößert er sein Volumen, er dehnt sich aus. Kühlt ein Körper ab, so zieht er sich wieder zusammen. Wasser hingegen hält sich nicht an dieses Gesetz der Physik. Wasser hat sein kleinstes Volumen bei 4° C und bei dieser Temperatur auch seine größte Dichte. Wird Wasser über 4° C erwärmt, dehnt es sich aus. Auch bei Temperaturen unter 4° C vergrößert es sein Volumen.

2.2 Die Verbrennung

Ohne Feuer auf dem Rost, egal ob mit Holz, Kohle oder Heizöl, setzt sich keine Dampflok in Bewegung. Doch was ist eine *Verbrennung*? Erhitzt man einen brennbaren Stoff in Gegenwart von Sauerstoff bis zu seinem Flammpunkt, dann verbrennt er mit einem Feuer und gibt Wärme ab. Für eine Verbrennung braucht man also immer einen entsprechenden festen, flüssigen oder gasförmigen Brennstoff, Sauerstoff (die Luft enthält normalerweise 21 Prozent Sauerstoff) und die Entzündungstemperatur.

Bei den meisten Dampflokomotiven wird in der Feuerbüchse Kohle verbrannt. Die dazu notwendige Luft wird von unten durch die Rostspalten angesaugt. Die in der Feuerbüchse erzeugte Wärmemenge ist vom Heizwert des verwendeten Brennstoffes und der so genannten Rostbelastung, also der in einer Stunde auf einem Quadratmeter Rostfläche verfeuerten Brennstoffmenge, abhängig. Die Rostfläche bleibt konstant. Unter *Heizwert* versteht man die Wärmemenge, die ein Kilogramm eines Brennstoffes bei vollkommener Verbrennung abgibt. Der Heizwert wurde früher in Kilokalorien pro Kilogramm (kcal/kg) angegeben. Eine Kilokalorie ist die Wärmemenge, die ein Kilogramm Wasser aufnimmt, wenn es von 14,5° C auf 15,5° C erwärmt wird. Heute hingegen wird dafür die Maßeinheit Megajoule pro Kilogramm (MJ/kg) verwendet. Der Heizwerte der Brennstoffe ermitteln Labors mit Hilfe der so genannten kaliometrischen Bombe. In dem dickwandigen, luftdicht verschlossenen Gefäß wird die Brennstoffprobe mit reinem, verdichteten Sauerstoff verbrannt und die abgegebene Wärmemenge mit Messgeräten erfasst.

Alle Brennstoffe bestehen im Wesentlichen aus Kohlenstoff und Wasserstoff. Außerdem enthalten sie unterschiedliche Mengen Schwefel, Sauerstoff, Stickstoff, Wasser und Asche.

Bei der Verbrennung wird der Brennstoff zuerst entgast. Die dabei entweichenden brennbaren Gase verbrennen sofort. Während dieses Vorganges beginnen auch die festen Bestandteile zu brennen. Je höher der Anteil an leicht flüchtigen Bestandteilen ist, desto schneller fängt der Brennstoff Feuer. Zwischen den einzelnen Kohlesorten gibt es jedoch erhebliche Unterschiede: So brennt oberschlesische Steinkohle aufgrund ihres höheren Anteils flüchtiger Bestandteile deutlich schneller als die Kohle aus dem Ruhrgebiet. In der Praxis heißt das für den Heizer, dass er bei oberschlesischer Kohle mit einem deutlich flacheren Feuer fahren muss.

Schon bei relativ geringer Wärmezufuhr entzünden sich die Gase, die bei ausreichender Temperatur und sehr guter Luftzufuhr unter Flammenbildung zu Kohlendioxid (CO_2) und Wasserdampf verbrennen. Der feste Kohlenstoff verbrennt nur zu CO_2. Je nach Zusammensetzung der Kohle entstehen auch Schwefel-Oxide. Reicht die zugeführte Luft nicht aus, so ist die Verbrennung unvollkommen und der Kohlenstoff kann nur zu Kohlenmonoxid (CO) verbrennen. In der Praxis ist das durch die starke Rauchentwicklung zu erkennen, die nicht nur die Umwelt belastet, sondern auch mit einem erheblichen Energieverlust verbunden ist. Aus diesem Grund soll in der Feuerbüchse stets ein Überschuss an Verbrennungsluft herrschen. Außerdem sollte die Luft möglichst gut vorgewärmt sein und gleichmäßig über die gesamte Rostfläche verteilt werden.

Für die Verbrennung von einem Kilo guter Steinkohle werden rund acht Kubikmeter Luft benötigt. Die so genannte vollkommene Verbrennung verlangt einen Luftüberschuss von rund 50 Prozent, also zwölf Kubikmeter Luft. Luftklappen, Rostspal-

Ohne Kohle geht nichts. In Gernrode bedeckte im Dezember 2001 Raureif den Brennstoff.
Foto: Dirk Endisch

ten und die Saugzuganlage des Kessels müssen für diesen Luftdurchsatz ausgelegt sein. Bei Kohlenstaub- und Ölhauptfeuerung kann der Luftüber-

Lokführer und Heizer versorgten am 10. Juni 2000 in Jöhstadt ihre Maschine mit neuem Brennstoff.
Foto: Dirk Endisch

schuss aufgrund der feinen Verteilung des Brennstoffes deutlich kleiner ausfallen.

Die Luft gelangt jedoch nicht »freiwillig« zum Rost. Feste Kesselanlagen erzeugen den notwendigen Saugzug durch ihre Schornsteine, die im Durchschnitt zwischen 60 und 80 Meter hoch sind. Selbst Kamine und Kachelöfen, die deutlich weniger Brennstoff umsetzten als eine Dampflok, haben acht bis zehn Meter hohe Schornsteine. Die fehlende Schornsteinhöhe wird bei Dampflokomotiven durch das **Blasrohr** ersetzt. Der Abdampf der Maschine wird mittels eines Düsenkranzes durch die Schornsteinöffnung gedrückt. Dabei entsteht in der luftdicht abgeschlossenen Rauchkammer ein Unterdruck, der sich durch die Heiz- und Rauchrohre bis in die Feuerbüchse fortsetzt. Durch die Rostspalten und die am Aschkasten montierten Luftklappen wird dann die benötigte Verbrennungs-

Rechts: Dunkle Rauchwolken künden von einer ungenügenden Verbrennung. So qualmte am 12. März 1999 die Lok 206 des Hessencourier in Kassel-Wilhelmshöhe.

Foto: Dirk Endisch

Die Verbrennungsrückstände sammeln sich auf dem Rost, im Aschkasten oder in der Rauchkammer. Am 16. Februar 2003 entfernte der Lokheizer der 99 582 gerade die Schlacke.

Foto: Dirk Endisch

luft angesaugt. Die exakte Berechnung der **Saug-zuganlage** gehört zur hohen Kunst der Dampflok-konstruktion. Ist der Saugzug zu schwach, kann es leicht zu Dampfmangel kommen. Bei zu starkem Saugzug hingegen kann der Gegendruck in den Zylindern zu groß werden, was zu Leistungs-verlusten führt. Die Eisenbahner in den Ausbesse-rungswerken und Direktionen sahen es deshalb gar nicht gerne, wenn die Personale an den Saug-zuganlagen ihrer Maschine eigenmächtig »herum-bastelten«. So gab es Lokführer, die den Saugzug ihrer Maschinen vergrößertem, in dem sie den Düsenring durch einen Steg verengten. Dieses »Gebiss« brachte zwar eine bessere Verbrennung und einen lauteren Auspuffschlag, führte aber auch zu einem höheren Gegendruck im Zylinder und damit zu einer letztlich geringeren Leistung.

Bei der vollkommenen Verbrennung von einem Kilogramm Anthrazit wird soviel Energie frei, dass acht Kubikmetern Wasser von $14,5°$ C auf $15,5°$ C erwärmt werden können. Mit kleinerer Wasser-menge steigt natürlich die Temperaturdifferenz. $0,8$ m^3 Wasser könnten von $10°$ C auf $20°$ C, $0,16$ m^3 sogar von $10°$ C auf $60°$ C erwärmt wer-den. Allerdings sind dies nur theoretische Werte. In der Praxis treten jedoch erhebliche Verluste auf.

Abgasverluste: Zwar waren die Dampflokkonstruk-teure immer bestrebt, einen möglichst idealen

Wärmeübergang von den Rauchgasen über die Wandungen der Feuerbüchse und Rohre an das Wasser im Kessel zu erreichen, doch die mit dem Eisenbahnbetrieb verbundenen baulichen Zwänge sowie Kesselstein und Rußablagerungen in den Rohren führen zu Wärmeverlusten von rund 22 Prozent.

Verluste durch Unverbranntes: Durch die Rostspalten gefallene Kohleteilchen, unverbrannte Kohle in der Schlacke, Flugasche in der Rauchkammer und Funkenflug führten ebenfalls zu einem nicht unerheblichen Energieverlust, der mit rund sechs Prozent angegeben wurde. Durch schlechten Brennstoff oder falsche Feuerführung konnte dieser Anteil jedoch rapide ansteigen. Es gab aber auch Möglichkeiten diese Verluste zu minimieren, wie die Ölhaupt- und Kohlenstaubfeuerungen bewiesen.

Wärmeabstrahlung: Auch hier waren die Ingenieure immer bestrebt, den Kessel so gut es ging, zu isolieren. Trotzdem veranschlagten sie immer einen Verlust von drei Prozent.

So lag der für die Leistungsberechnung veranschlagte theoretische Wirkungsgrad des Dampflok-Kessels bei rund 68 Prozent. Bei den späteren Probefahrten zeigte sich dann auf, dass einige Baureihen besser und andere wieder schlechter waren.

Außerdem bestimmte die *Rostbelastung* die freigesetzte Wärmemenge. Die meisten deutschen Dampfloks waren für die Verfeuerung von Steinkohle ausgelegt. Bei voller Kessel- und Maschinenleistung vermochten sie auf einem Quadratmeter Rostfläche pro Stunde 400 bis 450 kg Steinkohlen zu verbrennen. Dies war wirtschaftlich das Optimum. Bei länger anhaltender Überlastung der Maschine verschlechterte sich jedoch die Verbrennung. Zuviel aufgeworfene Kohle, tote Stellen im Feuerbett oder Schlacke auf dem Rost verschlechterten ebenfalls die Verbrennung. Bei Voll-Last musste also ein Heizer auf einer rund 4 m² großen Rostfläche in der Stunde rund 1,2 Tonnen Kohle verfeuern. Auch wenn die Leistung einer Dampflok

technisch durch die Rostfläche vorgegeben war, das Können und die physische Kraft eines Heizers waren ebenso entscheidend.

2.3 Der Dampf

Jeder kennt das: Erhitzt man Wasser in einem Topf bei normalem Luftdruck, so steigt die Temperatur des Wassers auf höchstens 100° C. Daran ändert sich auch bei weiterer Wärmezufuhr nichts. Das Wasser beginnt zu kochen und verdampft schrittweise mit einer deutlichen Blasenbildung. Die Temperatur des Wasser ist nun identisch mit der Temperatur des Dampfes. Als Siedepunkt bezeichnet man die Temperatur, bei das Wasser anfängt zu kochen. Die dabei entstehende Dampfmenge ist von der zugeführten Wärmemenge abhängig.

Wer einen Deckel auf den Wassertopf legt, wird feststellen, dass der Dampf versucht, den Deckel anzuheben. Wer den Deckel nun auf dem Topf festhalten will, muss schon Kraft aufbringen, denn der Dampf übt einen Druck aus. Doch wie entsteht er? Bei der Verdampfung in einem geschlossenen Gefäß füllen die Dampfmoleküle den Raum oberhalb des Wasserspiegels. Bei einem Druck von 1 kp/cm² ist das System im Gleichgewicht, das heißt, den im Wasser befindlichen Teilchen fehlt die Energie, sich gegen die von oben drückenden Dampfmoleküle durchzusetzen. Führt man dem Wasser weitere Wärme zu, gelangen weitere Dampfmoleküle nach oben. Nun müssen die Teilchen sozusagen »enger« zusammenrücken, womit sie eine Kraft, also den Druck, auf die Wandung des Gefäßes erzeugen.

Als Maßeinheit für den Druck verwendete man früher Atmosphäre (at), Kilopond pro Quadratzentimeter (kp/cm²) oder bar. Sie alle entsprachen der Kraft, die ein Gewicht von einem Kilogramm auf die Fläche von einem Quadratzentimeter ausübte. Heute wird der Druck in Megapascal (MPa; 1 MPa = 10 kp/cm² bzw. 10 bar bzw. 10 at) angegeben.

Die Siedetemperatur des Wasser verändert sich mit dem Druck. Nimmt der Druck zu, steigt die Siedetemperatur. Fällt der Druck, sinkt auch die Siedetemperatur. Bei einem Druck von 10 kp/cm^2 beträgt die Siedetemperatur 183° C, bei 15 kp/cm^2 sind es bereits 200,5° C, bei 16 kp/cm^2 203° C. Um ein Kilogramm Wasser mit einer Temperatur von 0° C (also rund ein Liter) in gesättigten Dampf – dem so genannten **Nassdampf** – umzuwandeln, werden 639 kcal benötigt.

Der Wärmeinhalt des gesättigten Dampfes besteht dabei aus zwei Teilen, der Flüssigkeitswärme und der Verdampfungswärme. Die Flüssigkeitswärme beträgt rund 100 kcal. Dies ist die Wärmemenge, die das Wasser aufnimmt, um 100° C zu errei-

chen. Die 100 kcal speichert das Wasser, ohne eine Dampfblase zu erzeugen. Die Verdampfungswärme von 539 kcal wird benötigt, um das Wasser vollständig zu verdampfen. Die Verdampfungswärme ist jedoch latent, das bedeutet, sie kann mit dem Thermometer nicht gemessen werden. Diese Wärme wird bei der Verdampfung in Arbeit umgesetzt. Da die Temperatur des Kesselspeisewassers jedoch deutlich über 0° C liegt, ist die zur Verdampfung notwendige Gesamtwärme aufgrund der im Wasser enthaltenen Flüssigkeitswärme kleiner. Die zur Dampferzeugung notwendige Gesamtwärmemenge wird als Erzeugungswärme bezeichnet. Mit steigendem Druck nimmt die benötige Wärmemenge zum Verdampfen ab, bei

In der warmen Jahres-
zeit ist der Abdampf aus
dem Schornstein nur
selten zu sehen. Der
Heizer der 99 784 hatte
gerade etwas nachge-
legt, als die Lok am 25.
Juli 2003 dem Bahnhof
Garftitz entgegenstrebte.
Foto: Dirk Endisch

10 kp/cm^2 sind es 667 kcal, bei 16 kp/cm^2 nur 672 kcal.

Da sich mit normalem Wasserdampf keine Dampfmaschine antreiben lässt, muss der Dampf unter Spannung stehen. Dies geschieht im Kessel, der meist für Betriebsdrücke zwischen 12 und 16 kp/cm^2 ausgelegt ist.

Der Nassdampf ist jedoch für die Verwendung in der Dampfmaschine nicht optimal. Die im Nass-dampf enthaltene Feuchtigkeit ist höchst unterschiedlich. Wird an der Leistungsgrenze der Maschine viel Dampf entnommen, können leicht Wasserteilchen in den Dampf gelangen. Die im Wasser aufsteigenden Dampfblasen platzen beim Durchtritt durch die Wasseroberfläche und nehmen dabei Wasserteilchen mit in den Dampfraum. Dies kann man jedoch durch einen nicht zu hohen Wasserstand im Kessel und durch vorsichtiges Bedienen des Reglers in Grenzen halten. Allerdings kommt der Dampf auf seinem Weg vom Kessel zum Zylinder mit zahlreichen Teilen in Berührung, deren Temperatur deutlich geringer ist. Nassdampf besitzt die Eigenschaft, seine Wärmeenergie leicht an kältere Teile abzugeben. Dabei kondensieren einzelne Dampfteile zu Wasser, die dann als feuchter Nebel im Dampf schweben. Wird der Dampf zu feucht, setzten sich die Wassertröpfchen an den Teilen ab. Da Wasser weniger Raum beansprucht, als die gleiche Gewichtsmenge Dampf, sinkt der

Unten: Zu den bekanntesten deutschen Dampfloks gehört die preußische T 3, eine Nassdampflok. Eine der letzten Vertreterinnen dieser Gattung ist die mit einem Schlepptender ausgerüstet 89 6009. Am 26. Juli 2002 stand die Maschine auf der Drehscheibe des ehemaligen Bw Glauchau.
Foto: Dirk Endisch

Druck noch bevor der Dampf im Zylinder entspannt wurde. Dies bedeutet einen höheren Dampf- und damit auch Kohlenverbrauch.

In den Ein- und Ausströmkanälen der Zylinder kühlt sich der Dampf meist am stärksten ab. Die Temperatur der Kanäle entspricht während des Arbeitsvorganges der Maschine in etwa dem Mittelwert der Ein- und Austrittstemperatur des Arbeitsdampfes. Bei einem Schieberkastendruck von 10 kp/cm^2 hat der Nassdampf eine Temperatur von rund 183 °C. Nach dem Arbeitsprozess hat er im Ausströmkanal eine Temperatur von etwa 103 °C. Die mittlere Zylindertemperatur die mit 143 °C deutlich unter der Dampftemperatur liegt, sorgt für die enormen Abkühlungsverluste. Diese zwangsläufige Abkühlung würde keinen

haltenen Wassertröpfchen noch verdampften, versuchten sie, dieses Problem zu lösen. Doch Aufwand und Nutzen standen in keinem richtigen Verhältnis, die Dampftrockner kosteten mehr als sie einsparten.

Erst Wilhelm Schmidt (1858–1924) löste das Problem, er »erfand« den **Heißdampf**: Wird der im Kessel bei einem Druck von 12 kp/cm² erzeugte Sattdampf über seine Temperatur von 190 °C auf 350 °C erhitzt, kann der Dampf bei konstantem Druck um 160 °C abgekühlt werden, ohne das die Kondensation einsetzt und somit Leistungsverluste auftreten. Dem im Kessel erzeugten Nassdampf muss nur nach dem Verlassen der Wasseroberfläche weitere Wärme zugeführt werden. Dies geschah in besonderen Heizschlangen in den Rauchrohren, den Überhitzern. Dort wurde der Dampf zuerst getrocknet. Bei gleichbleibenden Dampfdruck stieg die Temperatur um 100 bis 150 °C über die des Sattdampfes. Als ideal für den Dampflokbetrieb erwiesen sich später Heißdampftemperaturen zwischen 350 und 400 °C. Höhere Temperaturen waren nutzlos, da die Energie in den Zylindern nicht genutzt werden konnte und der Auspuffdampf unnötig heiß war. Außerdem musste dann für die Schmierung der Kolben und Schieber besseres und damit teureres Öl verwendet werden. Der Überhitzer einer Lok war richtig konstruiert, wenn der entspannte Dampf bis zur Sättigungsgrenze abgekühlt war.

Durch die Überhitzung des Dampfes wurde das spezifische Volumen um 20 bis 25 Prozent vergrößert. So konnten bei einer Heißdampflok also aus einem Kubikmeter Wasser bei konstantem Druck 10 bis 25 Prozent mehr Zylinderfüllungen gewonnen werden als bei einer Nassdampf-Maschine. Die wirtschaftlichen Vorteile lagen also auf

Energieverlust bedeuten, wenn der Nassdampf seine Wärme ohne Kondensationsverluste abgeben würde.

Schon Ende des 19. Jahrhunderts kannten die Ingenieure diese negativen Eigenschaften des Nassdampfes. Mit so genannten Dampftrocknern, die dem vom Wasser getrennten Dampf noch einmal Wärme zuführten, damit die im Dampf ent-

Die süddeutschen Länderbahnen bevorzugten die Verbund-Technik. Zu den besten Verbundloks überhaupt zählt die bayerische S3/6, die spätere Baureihe 18$^{4-5}$ der DRG. Eines der wenigen erhalten gebliebenen Exemplare ist die 1912 gebaute 18 451 des Eisenbahnmuseums Nördlingen. Foto: Dirk Endisch

der Hand: Heißdampfloks sparten bis zu 30 Prozent Wasser, was sich im Betrieb durch einen größeren Aktionsradius bemerkbar machte. Zudem verbrauchten Heißdampfloks bis zu 20 Prozent weniger Kohle. Allerdings waren Heißdampfloks durch ihre Überhitzer in der Beschaffung und Unterhaltung teurer als vergleichbare Nassdampfloks. Letztlich setzte sich jedoch die Heißdampflok durch.

Bleibt die Frage: Wie viel Dampf liefert ein Kessel? Primär ist das von der Heizfläche abhängig, die sich aus der direkten, also der Strahlungsheizfläche, und der indirekten, also der Rohrheizfläche (Heiz- und Rauchrohre), zusammensetzt. Die Strah-

lungsheizfläche der Feuerbüchse ist dabei die hochwertigere Heizfläche, die auch die größte Verdampfungsleistung hat. Die Leistung der Rohrheizfläche nimmt mit der Länge der Rohre ab, da sich die Rauchgase auf dem Weg von der Feuerbüchse zur Rauchkammer immer stärker abkühlen. Richard Paul Wagner (1882–1953), der »Vater der Einheitslokomotiven«, vertrat in den 1920er-Jahren die Meinung, die Rauchgase müssten durch möglichst lange Heiz- und Rauchrohre optimal ausgenutzt werden. Da dadurch die Abgasverluste auf ein Minimum beschränkt werden konnten, erreichten die meisten Einheitslokomotiven ausgezeichnete Kesselwirkungsgrade, die in der Fachwelt für Aufsehen sorgten. Als Leistungsgrenze legte die Deutsche Reichsbahn-Gesellschaft für ihre Maschinen eine spezifische Heizflächenbelastung von 57 kg/m²h fest. Das bedeutete, jeder Kessel musste in einer Stunde pro Quadratmeter Verdampfungsheizfläche 57 kg Wasser verdampfen. Auf diesem Wert basierten auch die Leistungsberechnungen für die Maschinen. Allerdings offenbarten die so genannten »Langrohrkessel« der Einheitsloks recht bald ihre Schwächen. Häufiges Fahren an der Leistungsgrenze und darüber quittierten die Dampferzeuger mit Schäden. Die Kessel der preußischen P 8 hingegen konnten deutlich höher belastet werden, ohne dass etwas passierte, weil sie, wie spätere Untersuchungen zeigten, besser abgestimmt waren. In den 1930er-Jahren kam man zu der Erkenntnis, dass direkte und indirekte Heizfläche in einem bestimmten Verhältnis stehen müssen, damit die spezifische Heizflächenbelastung gesteigert werden kann. Die Strahlungsheizfläche konnte zwar durch einen größeren Rost erhöht werden, doch Rostflächen über 5 m² konnten nicht mehr von Hand beschickt werden. Die Lösung brachte die **Verbrennungskammer**, eine Verlängerung des oberen Teils der Feuerbüchse. Allerdings lehnte Wagner die Verbrennungskammer rundherum ab, die er als »Verlegenheitslösung des Ingenieurs« bezeichnete. Erst nach dem Zweiten Weltkrieg nutzten die Deutsche Bundesbahn (DB) und Deutsche Reichsbahn (DR) in der DDR die Verbrennungskammer. Die nun entwickelten Verbrennungskammer-Kessel erreichten spezifische Heizflächenbelastungen von 75 kg/m²h und mehr. Den wohl besten Kessel aller deutschen Dampflokomotiven besaß die Baureihe 66 der DB. Bei Versuchsfahrten erreichte dieser Dampferzeuger eine spezifische Heizflächenbelastung von 90 kg/m²h. Die größte Dampfmenge hingegen vermochte der Kessel der Baureihe 01[5] der DR mit 16,8 Tonnen je Stunde zu erzeugen.

Anmerkungen:
[1] benannt nach Daniel Gabriel Fahrenheit (1686–1736)
    Der Physiker und Instrumentenbauer stellte 1714 die ersten Thermometer her. Die Maßeinheit ° F wird in erster Linie in den USA und in Großbritannien benutzt. Die Umrechnung von °C in °F lautet F = 9/5 x °C + 32. So sind 0 °C also 32 °F.
[2] benannt nach René-Antoine Ferchault de Réaumur (1683–1757)
    Der Naturforscher entwickelte Anfang 1730 die nach ihm benannte Temperaturskala, die jedoch kaum noch verwendet wird. 0 °C entsprechen zwar ebenfalls 0 °R. doch 100°C sind nur 8 °R. Die Umrechnung in °R erfolgte also nach der Gleichung R = 5/4 x °R.

3632/24

Genietete Kessel sind heute sehr selten. Die mit Kreide markierten Stellen am Kessel der 99 5901 mussten erneuert werden. Rechts unten am Stehkessel ist die Rahmenauflage zu erkennen. Foto: Dirk Endisch

3. FEUERBÜCHSE, STEHBOLZEN UND ROHRE:

Der Kessel und seine Ausrüstung

Der Kessel bildet das Herzstück der Dampflokomotive: Auf seinem Rost wird die in der Kohle enthaltene Wärmeenergie freigesetzt, die für die Verdampfung des Wassers sorgt. Der Kessel ist im Betrieb sehr großen Belastungen ausgesetzt, die deutlich höher sind als bei stationären Dampferzeugern. Anstrengenden Lastfahrten, bei denen der Kessel an der Leistungsgrenze arbeitet, folgen Talfahrten, bei denen innerhalb kürzester Zeit die Verdampfung auf ein Minimum schrumpft. Die Bestimmungen zum Bau und Betrieb des Kessels sind daher sehr streng. Nicht nur die verwendeten Baustoffe und die Konstruktion unterliegen besonderen Bestimmungen, sondern auch die Unterhaltung und Bedienung ist exakt geregelt. So muss der Kessel in regelmäßigen Abständen von speziellen Sachverständigen gründlich außen und innen überprüft werden. Bei einer Kesselhauptuntersuchung muss der Kessel vollständig freigelegt werden, um die Wände sowie alle Schweiß- bzw. Nietnähte auf Schäden (Risse) oder Abzehrungen zu untersuchen. Sind keine Schäden sichtbar, wird der Dampferzeuger wieder komplettiert, mit Wasser gefüllt und einer ersten Dichtigkeitsprobe unterzogen. Gibt es keine Beanstandungen, folgt die Wasserdruckprobe. Dabei wird der Wasserdruck im Kessel mit einer speziellen Pumpe auf das 1,3fache des zulässigen Betriebsdrucks gesteigert. Bei einer Lok mit 16 kp/cm^2 sind das dann 20,8 kp/cm^2. Wenn dieser Druck erreicht ist, wird der Kessel von der Pumpe getrennt, während der Kesselprüfer zur Stoppuhr greift: In den nächsten 15 Minuten darf der Druck im Dampferzeuger um nicht mehr als 0,5 kp/cm^2 sinken. In dieser Zeit kontrolliert der Prüfer aufmerksam die Schweiß- und Nietnähte sowie die Flansche und Dichtungen. Halten sie dem Druck stand und zeigen sich außerdem keine sichtbaren Verformungen, nimmt der den Kessel ab. Die kleinste Abweichung von diesen Vorschriften bedeutet das Aus und die ganze Arbeit beginnt noch einmal von vorn.

Die beiden wichtigsten Kesselbaustoffe sind Stahl und Kupfer. Letzteres wurde bis zum Ersten Weltkrieg ausschließlich für die Fertigung der Feuerbüchse und der Stehbolzen genutzt. Der Werkstoff war Temperaturen von 1.200 bis 1.500 °C ausgesetzt. Da Kupfer ein sehr guter Wärmeleiter ist, sorgt es für einen nahezu optimalen Wärmeübergang von den Heizgasen zum Wasser. Zudem passen sich Feuerbüchsen aus Kupfer den wechselnden Wärmespannungen besser an.

Als jedoch im Ersten Weltkrieg Kupfer immer teurer und knapper wurde, stellte man die ersten Feuerbüchsen aus Stahl her. Sie waren zwar preiswerter in der Fertigung, erwiesen sich jedoch gegenüber starken Temperaturschwankungen als recht empfindlich. Bessere Stahlsorten und Fortschritte in der Schweißtechnik glichen diese Mängel aber ab Mitte der 1930er-Jahre mehr und mehr aus, sodass sich die Stahlfeuerbüchse schließlich durchsetzte.

Die anderen Teile des Dampferzeugers, wie Langkessel, Rauchkammer, Stehkessel sowie die Heiz- und Rauchrohre, fertigte man stets aus Stahl. Bis in die zweite Hälfte der 1930er-Jahre wurden die einzelnen Kesselteile, mit Ausnahme der Heiz- und Rauchrohre, vernietet. Erst während des Zweiten Weltkrieges setzte sich die Schweißtechnik im Kesselbau durch. Sie sparte Zeit, Gewicht und damit Geld, doch bei unsachgemäßer Arbeitsausführung kann es zu Wärmespannungen im Material kommen. Heute gibt es nur noch wenige genietete Dampferzeuger.

Doch wie sieht so ein Dampflok-Kessel aus? Dies sei an einem Kessel der Tenderlok der Baureihe 81 erklärt. Der Grundaufbau ist bei allen Dampfloks gleich: Jeder Kessel besteht aus dem Stehkessel, dem Langkessel und der Rauchkammer.

Der Kessel der Baureihe 81 war konstruktiv dafür ausgelegt, dass die kleine vierachsige Tenderlok, die die DRG für den schweren Rangierdienst konstruiert hatte, eine effektive Leistung von 660 PS entwickelte. Das bedeutete, sie musste in der Lage sein, in der Ebene bei 40 km/h einen 1.070 t schweren Zug zu schleppen.

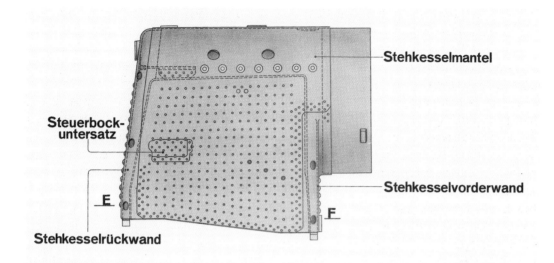

Der Stehkessel und seine Teile.
Zeichnung: Archiv Dirk Endisch

Der zylindrische Langkessel der Baureihe 81 bestand aus zwei Kesselschüssen, die teleskopartig ineinander geschoben und durch eine doppelte Nietreihe verbunden wurden. Der vordere Kesselschuss hatte einen lichten Durchmesser von 1.500 mm. Die Längsnaht der beiden Kesselschüsse bestand ebenfalls aus einer doppelten Nietreihe. Die Bleche des für einen Betriebsdruck von 14 kp/cm² zugelassenen Dampferzeugers waren 14,5 mm stark.

Im Langkessel lagen zwischen der Feuerbüchs- und der Rauchkammerrohrwand insgesamt 32 Rauchrohre mit einem Durchmesser von 118 mm (Wandstärke 4 mm) und 114 Heizrohre mit einem Durchmesser von 44,5 mm (Wandstärke 2,5 mm). Die Rohre hatten eine Länge von 3.500 mm. Zur Feuerbüchse hin verjüngten sich die Rohre, die in die Feuerbüchsrohrwand eingewalzt wurden. Durch das Einengen der Rohre ergaben sich größere Rohrwandstege. Dies hatte den Vorteil, dass sich die Rohrlöcher beim Ausbau defekter Rohe nacharbeiten ließen und gegebenenfalls Gewindebüchsen eingebaut werden konnten. In der Feuerbüchse standen die Rohre leicht über, damit man sie

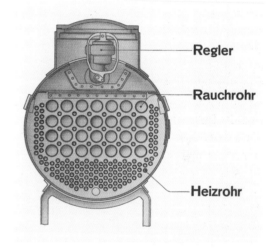

Schnitt durch den Kessel in Höhe des Dampfdoms.
Zeichnung: Archiv Dirk Endisch

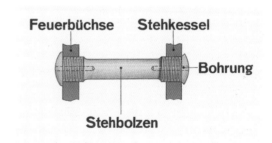

Eingebauter Stehbolzen. Zeichnung: Archiv Dirk Endisch

39

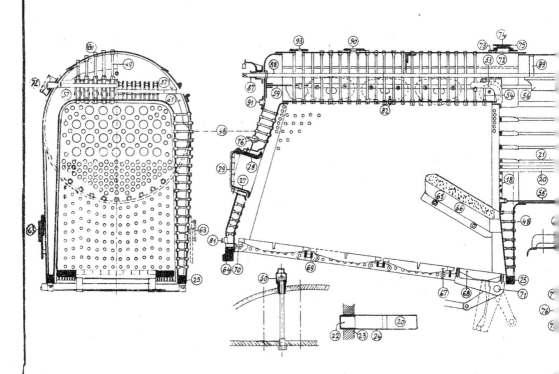

Nr.	Benennung	Zeichg. Nr. nach Lokonorm 2	Nr.	Benennung	Zeichg. Nr. nach Lokonorm 2	Nr.	B
1	Langkessel	2.01	27	Feuerlochring	2.20	53	Bügelanker
2	Vorderer Kesselschuß	2.01	28	Feuerlochschoner	3.11	54	Bügelankerste
3	Hinterer Kesselschuß	2.01	29	Feuertür	3.08	55	Bodenanker
4	Rundnaht	2.01	30	Dom	2.22	56	Längsanker und
5	Hinterkessel	2.01	31	Domlochring	2.22	57	Queranker
6	Feuerbüchse	2.11	32	Domring außenliegend	2.21	58	Queraankeruter
7	Feuerbüchsrohrwand	2.11	33	Domring innenliegend	2.21	59	Blechanker an
8	Feuerbüchsrückwand	2.11	34	Domunterteil	2.22	60	Blechanker an c
9	Feuerbüchsseitenwand	2.11	35	Domoberteil	2.22	61	Versteifung am S
10	Feuerbüchsdecke	2.11	36	Dommantel	2.22	62	Laschenenden z
11	Feuerbüchsmantel	2.11	37	Domdeckel	2.22	63	Stehkesselträg
12	Stehkessel	2.01	38	Domhaube	2.22	64	Schlingerstück
13	Stehkesselvorderwand	2.01	39	Domöse	2.26	65	Feuerschirm
14	Stehkesselrückwand	2.01	40	Domhaken	2.26	66	Feuerschirmtr
15	Stehkesselseitenwand	2.01	41	Wasserabscheider im Dom	2.27	67	Roststäbe
16	Stehkesseldecke	2.01	42	Mannloch zum Dom	2.22	68	Kipproststäbe
17	Stehkesselmantel	2.01	43	Dom zum Speisewasserreiniger	25.45	69	Rostbalken und
18	Rohrteilung der Feuerbüchse	2.12	44	Einführungsdüse zum Speisewasserreiniger	25.39	70	Nietschrauben
19	Rohrteilung der Rauchkammerrohrwand	2.13	45	Rieselblech zum Speisewasserreiniger	25.40	71	Vordere Welle m
20	Heizrohr	2.14	46	Mannloch zum Speisewasserreiniger	25.34	72	Waschluke mit D
21	Rauchrohr	2.16	47	Schlammsammler zum Speisewasserreiniger	25.36	73	Lukenuntersa
22	Brandring	2.17	48	Stehbolzen	2.28	74	Lukenpilz
23	Dichtring	2.17	49	Deckenstehbolzen	2.30	75	Lukendeckel
24	Vorschuh	2.14	50	Bewegliche Deckenstehbolzen	2.31	76	Waschluke mit
25	Bodenring	2.19	51	Barrenanker	2.45	77	Lukenfutter
26	Feuerloch	2.01	52	Barrenanker...bolzen	2.45	78	Lukenpilz

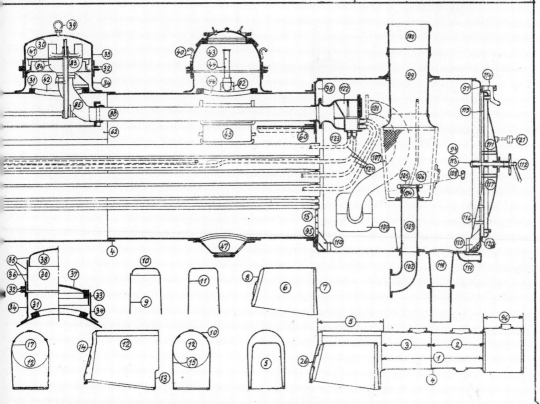

Zeichng. Nr. nach LONORM 2	Nr.	Benennung	Zeichng. Nr. nach LONORM 2	Nr.	Benennung	Zeichng. Nr. nach LONORM 2
2.44	79	Lukenbügel	3.34	105	Blasrohrsteg	5.15
2.44	80	Lukenstift	3.34	106	Hilfsbläser und Teile	5.22
2.46	81	Reinigungsschraube	3.35	107	Funkenfänger	5.23
2.42	82	Schmelzpropfen	3.37	108	Rauchkammerspritzrohr und Teile	5.27
2.36u.38	83	Regler, Ventil-Schieberregler	3.42u.43	109	Paßbleche für Ausschnitte im Rauchkammermant.	5.28
2.39	84	Reglerkopf mit Schieber, -ventil	3.44	110	Rauchkammerbodenschutz	5.30
2.32	85	Reglerknierohr	3.45	111	Rauchkammertür	5.31
2.34	86	Reglerrohr	3.47	112	Verschluß zur Rauchkammertür	5.36
2.35	87	Reglerstopfbuchse	3.48	113	Verschlußbolzen zur Rauchkammertür	5.36
2.09	88	Reglerteile und Teile	3.49	114	Vorreiber zur Rauchkammertür	5.33
3.01	89	Halter für Reglerwelle	3.31	115	Schutzblech zur Rauchkammertür	5.31
3.05	90	Untersatz zum Sicherheitsventil	3.57	116	Schonerblech zur Rauchkammertür	5.31
3.12	91	Untersatz zum Wasserstandsanzeiger	3.58	117	Abstandhalter zur Rauchkammertür	5.31
3.13	92	Untersatz zum Kesselspeiserventil	3.59	118	Löschefall	5.37
3.15	93	Untersatz zum Dampfentnahmestutzen	3.60	119	Entwässerungsstutzen an der Rauchkammer	5.39
3.16	94	Rauchkammer	5.01	120	Verstärkungsring a.d. Rauchkammertürwand	2.01
3.18	95	Winkelring an der Rauchkammer	2.01	121	Laternenstütze a. d. Rauchkammer	24.06
3.18	96	Rauchkammerschuß	2.01	122	Dampfsammelkasten	6.04
3.21	97	Rauchkammertürwand	2.01	123	Überhitzereinheit	6.02
3.31	98	Rauchkammerrohrwand		124	Überhitzerrohrsatz	6.02
3.31	99	Schornstein	5.06			
3.31	100	Schornsteinaufsatz	5.09			
3.31	101	Dampfeinströmrohr	5.12			
3.34	102	Ausströmkrümmer	5.17			
3.34	103	Standrohr	5.19			
3.34	104	Blasrohr	5.15			

Der Langkessel wird von Rauch- und Heizrohren durchzogen. In den großen Rauchrohren liegen die Überhitzerelemente. Foto: Dirk Endisch

einwalzen und umbördeln konnte. Der Rand der Rohre schützte so die Rohrlöcher vor zu starker Hitzebelastung. Auf der Rauchkammerseite standen die Rohre ebenfalls ein wenig über, wurden aber hier nur eingewalzt.

Die Heizrohre sind an den Enden verjüngt und werden dann in die Feuerbüchswand eingewälzt.
Foto: Dirk Endisch

Den vorderen Abschluss des Langkessel bildete die Rauchkammerrohrwand, die im oberen Teil durch einen waagerechten so genannten Blechanker versteift wurde. Außerdem baute man seitlich schräg nach oben verlaufende Winkel und Bleche zur Versteifung ein.

Auf dem Scheitel des Langkessels saßen der Speise- und der Dampfdom, deren Ausschnitte durch eingenietete Blechringe versteift wurden. Auf dem Dommantel saß ein aufgenieteter Stahlgussring, auf dem wiederum der Domdeckel festgeschraubt war. Die Flächen schliff man entweder dampfdicht ein oder dichtete sie mit einem speziellen Ring aus Kupfer ab.

Der Dampfdom, der auf dem hinteren Kesselschuss saß, hatte die Aufgabe, den Dampf möglichst hoch über der Wasseroberfläche zu entnehmen. Im Dampfdom saß der Regler, mit dem der Lokomotivführer die Dampfzufuhr zu den Zylindern regulierte. Die durch den Langkessel führende Reglerwelle wurde mit Hilfe des Reglergestänges im Führerstand bedient. Vom Regler strömte der Dampf über das Reglerrohr zum Dampfsammelkasten vor der Rauchkammerrohrwand.

Der Speisedom saß auf dem vorderen Kesselschuss. Links und rechts des Speisedoms befand sich je ein Speiseventil, durch welches das Wasser in den Dampferzeuger gelangte. Im Speisedom hatte der Speisewasserreiniger seinen Platz. Das eintretende Kesselspeisewasser rieselte über die nach oben offenen Roste, wo – chemisch gesprochen – die so genannten Kesselsteinbildner ausfallen. Der dabei entstehende Kesselschlamm sammelte sich unterhalb des Speisedoms in einer Blechtasche; über das am Kesselbauch montierte Abschlammventil konnte er schließlich entfernt werden. Nicht alle Dampfloks besaßen einen Speise-

An den Langkessel schließt sich vorne die Rauchkammer an. In der Nische des auf dem Kopf liegenden Kessels findet später der Oberflächenvorwärmer seinen Platz.

Foto: Dirk Endisch

dom. Fehlte er, besaßen die Maschinen lediglich die angeflanschten Speiseventile.

Da der Kessel der Baureihe 81 relativ kurz war, war er mit dem Rahmen nur durch ein Pendelblech verbunden, das am Bauch des hinteren Langkesselschusses saß.

An den hinteren Teil des Langkessels schloss sich der Hinterkessel an, der aus dem Stehkessel und der Feuerbüchse bestand. Der aus einem Stück gefertigte Stehkesselmantel besaß eine zylindrische Decke und gerade Seitenwände, die im unteren Teil leicht eingezogen waren. Das Blech des Stehkesselmantels und der Rückwand hatte eine Stärke von 14 mm. Die Vorderwand bestand hingegen aus einem 15 mm starken Stahlblech. Zur Verlagerung des Schwerpunktes besaß die Rückwand eine leichte Neigung nach vorne, lediglich das obere Drittel der Rückwand war senkecht ausgeführt. Zwei übereinander liegende Blechanker verbanden Rückwand und Mantel, wobei beide

Anker gleichzeitig die Rückwand versteiften. Fünf oberhalb der Feuerbüchse eingezogene Queranker schützten den Stehkesselmantel gegen ein seitliches Aufbiegen.

Die Feuerbüchse der Baureihe 81 bestand aus 14 mm starkem Kupferblech und wurde von unten in den Stehkessel eingebaut. Die Seitenwände der Feuerbüchse, deren Ecken stark abgerundet waren, verliefen fast senkrecht, sodass sich der Wasserraum im Stehkessel von unten nach oben vergrößerte, damit die Dampfblasen leichter aufsteigen konnten. In der Rückwand der Feuerbüchse befand sich das Feuerloch mit der eingesetzten Feuertür.

Den unteren Abschluss des Stehkessels bildete der 90 mm hohe und 70 mm breite Bodenring. Er verband die Feuerbüchse mit dem Stehkessel und wurde doppelreihig eingenietet. Der Bodenring hatte vorn und hinten geschmiedete Ansätze, mit denen sich der Kessel auf dem Rahmen abstützte. Die vorderen zwei Ansätze nahmen Klammern

Der Kessel wird mit Glaswolle isoliert und mit einer Blechverkleidung versehen. Am Dampferzeuger der 52 360 wurden im Sommer 2001 Teile der Verkleidung am Stehkessel bis zu den Waschluken für einige Arbeiten entfernt. Foto: Dirk Endisch

auf, die ein Abheben des Kessels verhinderten. Die beiden hinteren Ansätze trugen die Schlingerstücke, die den Kessel gegen ein seitliches Verschieben sicherten.

Die Seitenwände, die Rückwand und der untere Teil der Rohrwand der Feuerbüchse waren durch Stehbolzen mit dem Stehkessel verbunden. Der Abstand zwischen den Stehbolzen – die so genannte Feldteilung – betrug 85 mm. Die hohlgezogenen Stehbolzen wurden außen mit dem Stehkessel bzw. der Feuerbüchse verschweißt. Die Kontrollbohrung wurde auf der Stehkesselseite verschlossen, auf der Feuerbüchsseite blieben sie offen, damit das Lokpersonal gebrochene Stehbolzen schnell erkennen konnte. Die Feuerbüchsdecke war ebenfalls durch Stehbolzen mit dem Stehkessel verbunden. Die flache Decke war nach hinten leicht geneigt, um sicher zu stellen, dass auch bei Talfahrt, wenn das Wasser sich im vorderen Teil des Kessels sammelte, die Feuerbüchse stets von Wasser umspült blieb.

Die sehr hohen Temperaturen ausgesetzte Rohrwand der Feuerbüchse bestand im unteren Teil aus 26 mm starkem Blech, das sich im Bereich der Heiz- und Rauchrohre, dem so genannten Rohrspiegel, auf 14 mm verjüngte. Sie wurde durch 14 Bodenanker verstärkt. Die Feuerbüchse besaß eine direkte Heizfläche von 7,7 m².

In der Feuerbüchse wurde vor der Rohrwand aus Schamottesteinen ein Feuerschirm eingebaut, der sich an den Seitenwänden auf drei verlängerten Stehbolzen abstützte. Er hatte die Aufgaben, den Flammenweg zu verlängern und damit die Verbrennung zu verbessern. Außerdem wurde damit die Belastung der Rohrwand reduziert.

Der 1,78 m² große Rost war leicht nach vorne geneigt und bestand aus drei Rostfeldern. Die 16 mm starken Roststäbe hatten eine Spaltenbreite von 14 mm. Das mittlere Rostfeld besaß einen 0,28 m² großen Kipprost, über den größere Verbrennungsrückstände in den Aschkasten geschoben werden konnten. Die Roststäbe des Kipprostes waren durch Bolzen gesichert, während die

Jeder Kessel muss mit einem Fabrikschild ausgerüstet sein. Dieses Schild trägt der Kessel der 97 501, die die Maschinenfabrik Esslingen 1922 anlieferte. Foto: Dirk Endisch

anderen Roststäbe nur lose auf den Rostbalken lagen. Das Kipprostfeld besaß zwei Arme, die mit einer Querwelle verbunden waren, die vom Führerstand aus über eine Spindel bedient wurde. Beim Öffnen klappte der Kipprost nach vorne.

Unter dem Rost befand sich der Aschkasten, in dem die Verbrennungsrückstände gesammelt wurden. Zwei Bodenklappen, die vom Führerstand aus betätigt wurden, ermöglichten das Entleeren des Aschkastens. Vorne und hinten am Aschkasten befand sich jeweils eine Luftklappe, die ebenfalls vom Führerstand aus geöffnet bzw. geschlossen werden konnte. Ein Schutzblech und ein Sieb verhinderten das Herausfallen von glühenden Kohlestückchen. Einige Maschinen besaßen auch noch seitliche Luftklappen und zum Nässen der Verbrennungsrückstände erhielt der Aschkasten eine Spritzeinrichtung.

Vor dem Langkessel lag die Rauchkammer, die bei der Baureihe 81 einen Außendurchmesser von 1.630 mm und eine Länge von 1.390 mm hatte. Die Rauchkammer baute man aus 10 mm starken Blechen und nietete sie mit einem Zwischen-

An der Rückwand des Stehkessels sind die beiden Wasserstandsanzeiger, in diesem Fall zwei Wasserstandsgläser, montiert. Oberhalb zwischen den beiden Wasserständen ist das Kesseldruckmanometer zu erkennen. Foto: Dirk Endisch

ring an den Langkessel. Die Rauchkammer wurde durch eine Tür mit einem so genannten Zentralverschluss und Vorreibern luftdicht abgeschlossen. Bei kleineren Rauchkammertüren entfiel der Zentralverschluss. Die Deutsche Bundesbahn entfernte sogar die Zentralverschlüsse später bei allen Dampflokomotiven. Der Boden der Rauchkammer war mit Beton ausgegossen, was die Korrosion verringerte. Die Rauchkammer war mit dem Rahmen fest verbunden.

Die Rauchkammer hatte zwei Aufgaben: Zum einen wurde dort der für die Verbrennung notwendige Unterdruck erzeugt, und zum anderen die bei der Verbrennung anfallende Flugasche (Lösche) gesammelt.

Den für die Feueranfachung notwendigen Unterdruck erzeugte das Blasrohr, das direkt unter dem Schornstein saß. Der Maschinenabdampf entwich mit hoher Geschwindigkeit aus der Düse des Blasrohrs und riss dabei die Rauchgase mit. Dieses Dampf-Rauchgemisch gelangte schließlich durch den Schornstein ins Freie. In der Rauchkammer entstand dabei ein Unterdruck, der sich durch die Rohre zur Feuerbüchse fortsetzte, wo durch die Luftklappen am Aschkasten neue Verbrennungsluft angesaugt wurde. Die Saugzuganlage regulierte sich selbst: Wurde der Auspuffschlag mit zunehmender Leistung der Maschine schneller bzw. stärker, nahm auch der Unterdruck in der Rauchkammer entsprechend zu. Durch die zusätzlich angesaugte Verbrennungsluft wurde das Feuer auf dem Rost stärker und der Heizer musste mehr Brennstoff nachwerfen.

Auf der Rauchkammer saß der leicht kegelige Schornstein, an dessen unterer Kante der Funkenfänger hing. Eine Spritze zum Nässen der Lösche, ein Abfluss-Stutzen und der Hilfsbläser gehörten zur weiteren Ausrüstung der Rauchkammer. Der Hilfsbläser bestand aus einem Düsenring, der in der Höhe des Blasrohres angebracht war. Er stellte die Feueranfachung im Leerlauf oder beim Stillstand der Lok sicher.

Oben an der Rauchkammerrohrwand saß bei Heißdampflokomotiven, wie die Baureihe 81 eine war, der aus Gusseisen gefertigte Dampfsammelkasten, der aus einer Nassdampf- und einer Heißdampfkammer bestand. Die Nassdampfkammer war direkt an das Reglerrohr angeschlossen. Die Nassdampfkammer verteilte den einströmenden Dampf auf die einzelnen Überhitzerelemente. Der Kessel der Baureihe 81 besaß 32 Überhitzerelemente, die in die 32 Rauchrohre eintauchten. Jedes Element bestand aus vier Rohren mit jeweils 32 mm Durchmesser, die zwei Schlangen bildeten. Die erste Schlange reichte bis auf 450 mm an die Feuerbüchsrohrwand, die zweite war noch 150 mm länger. Auf der anderen Seiten endeten die Schlangen jeweils 400 mm vor der Rauchkammerrohrwand. Die Elemente waren mit speziellen Schellen an den Dampfsammelkasten angeschraubt, damit defekte Teile schnell ausgetauscht werden konnten.

Hatte der Dampf die Elemente durchströmt, gelangte er mit einer Temperatur von rund 300 °C in die Heißdampfkammer, an die sich die beiden Einströmrohre anschlossen, durch die der Dampf schließlich zum Schieberkasten kam. Von dort aus gelangte er durch die Dampfkanäle im Wechsel zu den beiden Kolbenseiten des Zylinders (siehe Kapitel 4, Seite 50 ff). Nachdem der Dampf im Zylinder Arbeit geleistet hatte, nahm er durch den Schieberkasten den Weg zum Ausströmrohr, das mit dem Blasrohr verbunden war, durch das der Abdampf schließlich entwich.

Zum Auswaschen des Kessels dienten die Waschluken. Der relativ kleine Dampferzeuger der Baureihe 81 besaß 18 dieser Luken. Sie waren so angeordnet, dass alle Ecken und Winkel, in denen sich Kesselschlamm und Kesselstein absetzten, gereinigt werden konnten. Die zwölf kleinen Luken saßen in der Rauchkammerrohrwand (1), am Schlammsammler unterhalb des Speisedoms (2), über dem Feuerloch in der Stehkesselrückwand (1), im Umbug der Stehkesselrückwand (4) und im Umbug der Stehkesselvorderwand (4). Die sechs großen Luken befanden sich links und rechts im oberen Teil des Stehkesselmantels (je 2) sowie links und rechts des Speisedoms (je 1).

Der betriebsbereite Kessel ist außerdem noch mit Bauteilen versehen, bei denen man zwischen Grob- und Feinausrüstung unterscheidet. Zur Grobausrüstung des Kessels zählten neben dem Stehkesselträger mit der Führung für das Schlingerstück, der Feuertür mit dem Feuerlochschoner und dem Regler, die bereits erwähnten Waschluken, der Aschkasten, der Feuerschirm, die Rostlage mit dem Kipprost und der Schlammsammler.

Zur Feinausrüstung hingegen gehören die Kesselspeiseventile mit dem Feuerlöschstutzen, die beiden Sicherheitsventile, die beiden Wasserstandsanzeiger, das Kesseldruckmanometer, die Dampfpfeife, die Dampfabsperrventile, die Dampfentnahmestutzen für die Hilfsbetriebe, der Dillinghahn für die Aschkasten-, Rauchkammer- und Kohlennässeinrichtung, das Heißdampfthermometer und die beiden Speiseeinrichtungen. Der Kessel der Baureihe 81 wurde durch zwei Dampfstrahlpumpen gespeist. Größere Loks besaßen oft eine Strahlpumpe und eine Kolbenspeisepumpe mit einem Vorwärmer, bei dem ein Teil des Maschinenabdampfes zum Erwärmen des Speisewassers genutzt wurde. Der bei den Einheitsloks der DRG bevorzugte Oberflächenvorwärmer der Bauart Knorr lag in einer Rauchkammer-Nische vor dem Schornstein. Nach dem Zweiten Weltkrieg rüsteten die DB und die DR einige ihrer Neubau-, Umbau- und Rekoloks mit Mischvorwärmern aus, die auch in der Rauchkammer untergebracht wurden. Der aus der Rauchkammer herausragende Mischkasten gibt den DR-Maschinen ihre charakteristische Silhouette.

4. KOLBEN, STANGEN UND SCHIEBER:

Das Triebwerk und die Steuerung

Abbildung vorige Seite: Der Schieberkasten sitzt bei den meisten Dampfloks über dem Zylinder. Das Entwässerungsrohr des Schieberkastens ist deutlich zu erkennen. Auf dem Kolbendeckel sitzt unterhalb der Kolbenstange das Zylinder-Sicherheitsventil. Fehlt es, dann besitzen die Maschinen so genannte Bruchplatten aus Grauguss. Foto: Dirk Endisch

4.1 Der Weg des Dampfes

Bei der Dampflok wird die benötigte Zugkraft durch eine Kolbendampfmaschine entwickelt. Die meisten deutschen Dampflokomotiven waren Zweizylinder-Maschinen. Auf dieser Bauform basierten alle anderen Triebwerke, vom Drilling über den Vierling bis hin zum Vierzylinderverbund. Deshalb wird im Folgenden die Triebwerkstechnik anhand des Zweizylindersystems erklärt.

Bei den Zweizylinder-Maschinen sind die Treibzapfen der Triebwerke um 90^0 versetzt. Dabei eilt meist der rechte Treibzapfen dem linken voraus. Den Versatz um $90°$ wählte man, damit die Lok auch anfahren kann, wenn eine der beiden Triebwerksseiten im so genannten Totpunkt (s. u.) liegt. Außerdem lässt der Versatz um 90^0 bei Zweizylinder-Maschinen einen relativ guten Massenausgleich zu. Dreizylinder-Triebwerke haben in der Regel einen Versatz um 120^0, Vierzylinder-Loks wiederum 90^0. Kernstück des Triebwerks einer Lokomotive ist der Dampfzylinder, in dem der Dampf den Kolben hin und her bewegt. Diese Bewegung überträgt die Kolbenstange auf den Kreuzkopf, der die Kraft

In der Abendsonne des 30. März 1997 glänzt das Triebwerk der 50 3708. Wie die meisten Schlepptenderloks besitzt sie eine Heusinger-Steuerung mit Hängeeisen. Foto: Dirk Endisch

wiederum auf die Treibstange abgibt. Die beweglich gelagerte Treibstange ist mit dem Treibzapfen verbunden, der im Treibrad sitzt. Das Zusammenspiel dieser drei Bauteile sorgt dafür, dass die waagerechte Bewegung in eine Drehbewegung umgewandelt wird. Das sich nun drehende Treibrad nimmt durch die Kuppelstangen die Kuppelachsen mit – die Lok bewegt sich.

Bei geöffnetem Regler strömt der Dampf durch das Einströmrohr in den Schieberkasten und von dort aus durch die Dampfkanäle im Wechsel zu den beiden Kolbenseiten. Wenn der Dampf im Zylinder entspannt ist, also Arbeit geleistet hat, gelangt er durch den Schieberkasten zum Ausströmrohr und von dort über das Blasrohr und den Schornstein ins Freie.

Der Schieber, der die Dampfverteilung steuert, wird während der Fahrt zwangsweise bewegt. Alle Teile, die die Dampfverteilung im Zylinder regeln,

gehören zur Steuerung. Während die Schieber zusammen mit den dazugehörigen Dampfkanälen als *innere* Steuerung bezeichnet werden, nennt man die Antriebsteile dazu *äußere* Steuerung.

Die Steuerung hat im Wesentlichen drei Aufgaben:

1. Sie muss die Dampfkanäle vom Schieberkasten zum Dampfzylinder entsprechend der jeweiligen Kolbenstellung öffnen und schließen.
2. Die Maschinenleistung muss durch geänderte Zylinderfüllungen in einem weiten Bereich variabel sein.
3. Mit ihrer Hilfe kann die Lok ihre Fahrtrichtung ändern.

Die vordere und die hintere Endstellung des Kolbens im Zylinder wird als Totpunkt bezeichnet. In dieser Lage bilden der Treibzapfen, die Treibstange und die Kolbenstange mit der Längsachse des Zylinders eine Gerade. Der Weg des Klobens zwischen den beiden Totpunkten wird als Kolbenhub

Die meisten Nassdampfloks besitzen eine Flachschieber-Steuerung, so auch die 99 5906, die außerdem mit einer zweischienigen Kreuzkopfführung und einer Heusinger-Steuerung ausgerüstet ist. Foto: Dirk Endisch

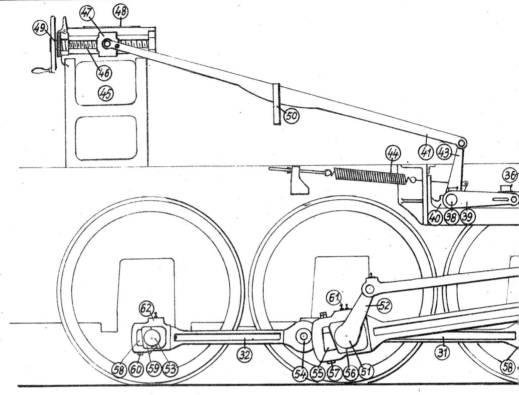

Nr.	Benennung	Zeichn. Nr. nach LON2	Nr.	Benenn
1	Zylinder	19.01	24	Kreuzkopfbolzen
2	Vorderer Zylinderdeckel	19.13	25	Lenkeransatz am Kreuzko
3	Hinterer "	19.16	26	Schieberschubstange
4	Vorderer Schieberkastendeckel	19.20	27	Voreilhebel
5	Hinterer "	19.23	28	Lenkerstange
6	Vordere Kolbenstangenstopfbuchse	19.28	29	Gleitbahn
7	Hintere " "	19.29	30	Kuppelstange zwischen 1
8	Vordere Tragbuchse für Schieberstange	19.20	31	" " 2.
9	Hintere " " "	19.23	32	3
10	Zylinderventil	19.44	33	Treibstange
11	Zylindersicherheitsventil	19.49	34	Fangbügel zur Treibstang
12	Kolben mit Stange	20.01	35	Schwingenstange
13	Kolbenschieber	21.07	36	Schwinge (mit Schwingens
14	Schieberstange	21.12	37	Schwingenlager
15	Kreuzkopf zur Schieberstange	21.11	38	Steuerwelle
16	Schieberbuchse	19.05	39	Aufwerfhebel
17	Vorderer Ausströmkasten	19.10	40	Steuerwellenlager
18	Hinterer "	19.11	41	Steuerstange
19	Kreuzkopf	20.05	42	Gleitbahn-u.Laufblechträge
20	Schmiergefäß zum Kreuzkopf	20.08	43	Steuerstangenhebel
21	Zwischenstück " "	20.05	44	Rückzugfeder zur Steue
22	Kreuzkopfgleitplatte	"	45	Steuerbock
23	Kreuzkopfkeil	"	46	Steuerschraube und Te

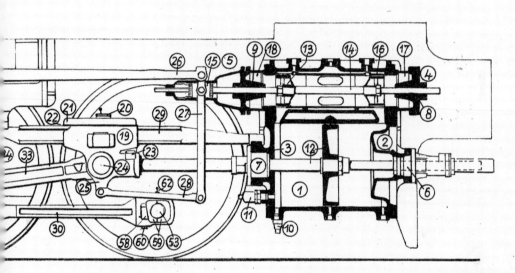

Zeichn. Nr. nach LON 2	Nr.	Benennung	Zeichn. Nr. nach LON 2
20.05	47	Steuermutter	21.46
21.25(20.05)	48	Zifferstreifen zur Steuerschraube	21.47
21.21	49	Steuerrad	21.49
21.24	50	Steuerstangenführung	21.54
"	51	Treibzapfen	12.08
20.17	52	Gegenkurbel	12.10
20.20	53	Kuppelzapfen	12.09
20.21	54	Gelenkbolzen für Kuppelstangen	20.20+24
20.22	55	Schraubenstellkeil für Treibstange	20.10
20.10	56	Lagerschalen für Treibstange	"
20.15	57	Stellkeilschraube für Treibstange	"
21.32	58	Schraubenstellkeil für Kuppelstange	20.20÷24
21.26	59	Lagerschalen für Kuppelstange	"
21.28	60	Stellkeilschraube für Kuppelstange	"
21.36	61	Schmiergefäß für Treibstange	20.14
"	62	Schmiergefäße zu den Kuppelstangen	20.27
24.38			
21.50			
8.30			
21.36			
21.41			
21.42			
21.44			

u. Steuerwellenlager (row: 8.30)

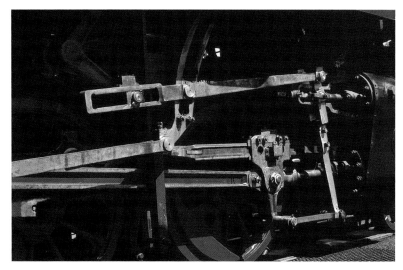

Tenderloks, die in beiden Fahrtrichtungen gleichermaßen zum Einsatz kommen, wurden meist mit einer Kuhnschen Schleife ausgerüstet. Dazu gehört auch die 99 2321 der Schmalspurbahn Bad Doberan – Kühlungsborn West. Der Aufwurfhebel greift direkt in die Schleife an der Schieberschubstange. Foto: Dirk Endisch

bezeichnet, der so groß ist wie der Durchmesser des Kurbelkreises. Dabei entsprechen zwei Kolbenhübe einer Umdrehung der Kurbel. Steht die Kurbel senkrecht nach oben oder unten, befindet sie sich entweder auf dem höchsten oder auf dem tiefsten Hub.

Die einfachste Dampfmaschine ist die so genannten Volldruckdampfmaschine, die nur mit vollen Füllungen arbeitet. Diese Maschinen erhalten während des gesamten Kolbenlaufes Dampf. Dadurch ergibt sich zwar eine ständig gleichbleibende Kolbenkraft, aber der Abdampf entweicht mit einem hohen Druck und damit mit sehr viel Energie ins Freie. Volldruckdampfmaschinen sind deshalb unwirtschaftlich.

Wird jedoch die Dampfzufuhr zum Zylinder unterbrochen, bevor der Kolben seinen Totpunkt erreicht hat, so drückt der im Zylinder eingeschlossene Dampf den Kolben weiter. Der Dampf dehnt sich

Die Fahrtrichtung und die Zylinderfüllungen stellte der Lokführer auf dem Führerstand meist mit dem großen Steuerungshandrad ein. Einige Maschinen, wie z. B. die sächsische IV K, haben anstelle des Steuerungshandrades einen Hebel, die so genannte Händel. Foto: Dirk Endisch

dabei weiter aus, sein Druck und seine Temperatur gehen zurück. Der Teil des Weges, den der Kolben durch den sich entspannenden Dampf zurück legt, heißt Dehnungs- oder Expansionsperiode. Dampfmaschinen, die nach diesem Prinzip, bei dem deutlich mehr Arbeit erzeugt wird, funktionieren, werden als *Expansionsmaschinen* bezeichnet. Die Hubstrecke, während der Dampf in den Zylinder einströmt, nennt man *Füllung*. Sie wird immer in Prozent (bezogen auf den Kolbenhub) angegeben.

Doch wie arbeitet der Dampf im Zylinder? Der Kolben steht in der hinteren Totpunktlage und der Einströmkanal ist bereits geöffnet. Der Arbeitshub auf der linken Zylinderseite beginnt mit dem Einströmen: Der Dampf gelangt mit konstantem Druck in den Zylinder und drückt den Kolben nach rechts. Ist die eingestellte Füllung reicht, beginnt die Expansion, wobei der Druck des Dampfes deutlich fällt. Noch bevor der Kolben den vorderen Totpunkt erreicht, gibt der Schieber den Ausströmkanal frei, sodass die so genannte Vorausströmung beginnt. Auf diese Weise erzeugt der noch im Zylinder enthaltene Dampf keinen nennenswerten Gegendruck, wenn der Dampf auf der anderen Kolbenseite zu wirken beginnt. Da der Dampf bei Beginn der Vorausströmung noch einen höheren Druck hat als bei der anschließenden Ausströmung, entweicht er deutlich hörbar dem Schornstein. Deshalb können erfahrene Lokführer am Auspuffschlag erkennen, ob die Steuerung einer Dampflok richtig (»sauber«) eingestellt ist. Sind die Auspuffschläge unterschiedlich stark oder die Abstände nicht gleich lang, ist die Steuerung falsch eingestellt.

Die Ausströmung beginnt mit dem Hubwechsel. Wenn der Kolben in der vorderen Totpunktlage seine Bewegungsrichtung ändert, wird der im Kolben verbliebene, entspannte Dampf durch den Kolben in das Ausströmrohr gedrückt. Noch bevor der Kolben wieder die hintere Totpunktlage erreicht hat, wird der Ausströmkanal wieder geschlossen, sodass der restliche Dampf durch den Kolben komprimiert wird. Das so entstehende Dampfpolster

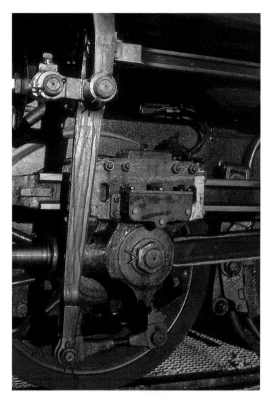

Bei der Heusinger-Steuerung ersetzt der Voreilhebel die zweite Gegenkurbel. Der Voreilhebel ist oben mit der Schieberschubstange und dem Schieber sowie unten mit der Lenkerstange verbunden.
Foto: Dirk Endisch

fängt die Masse des Kolbens, der Kolbenstange und der Treibstange auf und sorgt so für einen stoßfreien Lauf (»Gang«) des Triebwerks. Allerdings ist mit der Kompression des Restdampfes ein kleiner Energieverlust verbunden.

Damit auch bei höheren Drehzahlen bereits beim Hubwechsel der volle Druck auf den Kolben wirken kann, wird der Einströmkanal kurz vor dem Hubwechsel geöffnet. Dies bezeichnet man als Voreinströmung.

Zwischen dem Zylinderdeckel und der Totpunktlage verbleibt immer ein kleiner Zwischenraum. Er ist einerseits für den Dampfeintritt notwendig, andererseits wird er als Toleranzbereich für den

Kolben benötigt. Dieser Zwischenraum sowie das Volumen der Ein- und Ausströmkanäle zwischen dem Zylinder und den Schieberkasten wird als so genannter *schädlicher Raum* bezeichnet.

4.2 Die Steuerung

Kernstück der Steuerung ist der Schieber, der entweder als *Flach-* oder *Kolbenschieber* verwendet wird. Der **Flachschieber** hat links und rechts der Schieberhöhlung (Schiebermuschel) symmetrisch angeordnete Schieberlappen. Liegt der Schieber in

Die Königlich Sächsischen Staats-Eisenbahnen rüsteten Anfang des 20. Jahrhunderts ihre Loks noch mit zweischienigen Kreuzkopfführungen aus, wie hier bei der 38 205. Man beachte die Lage des Voreilhebels: Er ist – völlig untypisch – hinter dem Kreuzkopf angeordnet. Foto: Dirk Endisch

der Mitte, decken die Lappen die Ein- und Auslasskanten der zum Zylinder führenden Kanäle ab; sie bilden die Ein- und Ausströmüberdeckung. Bewegt sich der Schieber aus der Mitte nach links oder rechts, überschleift die so genannte steuernde Kante die äußere Kante des Dampfkanals, sodass der auf dem Flachschieber lastende Dampf in den Zylinder einströmen kann. Der andere Dampfkanal dagegen wird mit dem Ausströmrohr verbunden, da der Schieber die Ausströmung freigegeben hat.

Wie bereits erwähnt, strömt bereits vor dem Hubwechsel Dampf ein, das heißt, der Schieber muss also, wenn der Kolben die Totpunktlage erreicht hat, bereits aus der Mittellage verrückt worden sein. Dies nennt man lineares Voreilen oder Voröffnung.

Die zur Steuerung des Dampfes erforderlichen Bewegungen des Schiebers erzeugt die Gegenkurbel. Sie muss zum Erreichen der notwendigen Voröffnung der Treibkurbel um mehr als 90° vorauseilen. Der Winkel, um den die Gegenkurbel der Treibkurbel vorauseilt, wird als Voreilwinkel bezeichnet. Dabei muss jedoch berücksichtigt werden, dass der Schieber für eine gleichmäßige Dampfverteilung auf beiden Seiten gleich große Wege zurücklegen muss. Die Länge der Gegenkurbel richtet sich daher nach der Einströmüberdeckung und der Breite des Dampfkanals.

Durch die Vergrößerung der Einströmung oder der Füllung kann der Lokführer die Leistung der Maschine den jeweiligen Bedürfnissen entsprechend anpassen. Die Füllung kann nur durch die Veränderung der Einströmüberdeckung oder durch die Länge der Gegenkurbel bzw. des Schieberweges variiert werden. Da man jedoch an der inneren Steuerung während des Betriebes nichts ändern kann, wird die Füllung durch eine Verlängerung oder Verkürzung des Schieberweges modifiziert. Dazu nutzt man die äußere Steuerung.

Doch zuvor sei hier die *Kolbenschiebersteuerung* beschrieben. Das Zusammenspiel von Kolben, Schieber, Treib- und Gegenkurbel gilt grundsätz-

Die Gelenk-Loks der Bauart Meyer besitzen ein Verbundtriebwerk. Bei der 99 568 sind im hinteren Drehgestell die Hoch- und im vorderen Drehgestell die Niederdruck-Zylinder untergebracht (Steinbach, 25. Mai 2001). Foto: Dirk Endisch

lich auch für diese Steuerung. Sie ersetzte den Flachschieber, der bei den mit zunehmender Lokleistung steigenden Dampfdrücken sowie mit der Einführung des Heißdampfes weitgehend ausgedient hatte. Durch den auf dem Schieber lastenden Druck kam es zu erheblichen Leistungsverlusten durch die auftretende Reibung. Außerdem konnten die Dampfkanäle nicht mehr ausreichend abgedichtet werden. Der Kolbenschieber brachte hier Abhilfe. Allerdings war es nicht ratsam, die bei den Flachschiebern genutzte äußere Einströmung zu übernehmen, da sonst die Schieberstopfbuchsen auf Dauer zu hohen Belastungen ausgesetzt gewesen wären. Die Konstrukteure ent-

schieden sich deshalb für die innere Einströmung, das heißt, der Dampf strömte zwischen den Schieberkörpern in den Schieberkasten ein. Jedoch musste man nun die bei den Flachschiebersteuerungen übliche Voreilung der Gegenkurbel aufgeben, da der Dampfweg ja entgegengesetzt war. Die Einlass- und Auslassüberdeckungen brauchten nur getauscht zu werden, womit sich auch die Bewegungsrichtung des Schiebers änderte. Die Gegenkurbel eilte folglich nun der Treibkurbel nach.

Doch wie wird nun die Fahrtrichtung und die Füllung einer Dampflok geändert? Dies geschieht, wie bereits angedeutet, mit Hilfe der *äußeren Steue-*

rung. Die Fahrtrichtung der Maschinen wechselt, wenn die Bewegungsrichtung des Schiebers geändert und somit der Dampf zuerst auf die andere Kolbenseite geleitet wird. Die Füllung wird, wie zuvor beschrieben, durch eine Verkürzung oder Verlängerung des Schieberweges verkleinert bzw. vergrößert.

Die einfachste Konstruktion, mit deren Hilfe man die Fahrtrichtung ändern kann, besteht darin, für die Vorwärts- und Rückwärtsfahrt jeweils eine Gegenkurbel auf den Treibzapfen zu montieren. Der Radius und der Voreilwinkel beider Schwingen müssen dabei gleich groß sein. Beide Gegenkurbeln sind durch Schwingenstangen mit der beweglichen Schwinge, auch Kulisse genannt, verbunden. Je nach der gewünschten Fahrtrichtung wird die Kulisse nun verschoben, sodass entweder die obere oder die untere Gegenkurbel den Schieber antreibt. Hat die Schwinge ihren höchsten bzw. tiefsten Punkt erreicht, ist der Schieberweg am längsten und damit die Füllung am größten. Die Lok erreicht ihre höchste Leistung. Diese bereits von George Stephenson erdachte äußere Steuerung entsprach jedoch Ende des 19. Jahrhunderts nicht mehr den gestiegenen Anforderungen, denn die so genannte Kulissen-Steuerung neigte bei hohen Drehzahlen zu einer ungenauen Dampfverteilung.

Anfang des 20. Jahrhunderts setzte sich schließlich die *Heusinger-Steuerung* durch. Sie besitzt nur eine Gegenkurbel, da die Schwinge der Heusinger-Steuerung als zweiarmiger Hebel ausgebildet ist und somit eine zweite Gegenkurbel überflüssig macht.

Die Schwingenstange verbindet die Gegenkurbel mit der Schwinge, während die Schieberschubstange die Verbindung zwischen Schwinge und Schieber herstellt. Sie ist in einem speziellen Lager, dem so genannten Schwingenstein, in der Schwinge gelagert. Durch das Heben bzw. Senken der Schieberschubstange in den oberen bzw. unteren Teil der Schwinge wird die Fahrtrichtung geändert. Der Radius der Schwinge entspricht dabei der Länge der Schieberschubstange.

Da für die Vorwärts- und die Rückwärtsfahrt nur eine Gegenkurbel vorhanden ist, kann rein konstruktiv jedoch der Voreilwinkel nicht eingestellt werden. Die Heusinger-Steuerung besitzt deshalb einen Voreilhebel, der am Schieberkreuzkopf montiert ist. Die Schieberschubstange ist oberhalb des Schieberkreuzkopfes mit dem Voreilhebel verbunden. Dadurch entstehen am Voreilhebel zwei unterschiedlich lange Hebelarme, die die zusätzliche Bewegung des Schiebers in den Totpunktlagen ermöglichen. Diese Bewegung des Voreilhebels sorgt dafür, dass der Schieber um die Einströmüberdeckung und das lineare Voreilen verschoben wird.

Die Gegenkurbel der Heusinger-Steuerung eilt bei Kolbenschiebern mit innerer Einströmung der Treibkurbel im Drehrichtungssinn der Treibachse nach. Bei äußerer Einströmung mit Flachschiebern hingegen eilt die Gegenkurbel wieder voraus.

Die Heusinger-Steuerung hat gegenüber den anderen äußeren Steuerungen entscheidende Vorteile: Durch den Voreilhebel können ungleiche Schieberbewegungen ausgeglichen werden. Die Dampfkanäle öffnen und schließen deshalb schneller. Außerdem bleibt bei allen Füllungen die lineare Voreilung konstant, was zu einer gleichmäßigeren Dampfverteilung führt.

4.3 Das Triebwerk

Wichtigster Bestandteil des Triebwerks ist der Zylinderblock, der aus dem Schieberkasten und dem Dampfzylinder besteht. Die meisten Zylinderblöcke sind Gussteile, es gibt aber auch geschweißte Zylinderblöcke. Der Zylinderblock liegt mit einer oben angebrachten Leiste auf dem Rahmen und ist mit diesem mittels eines großen Flansches verschraubt. Angegossene Winkelleisten, die in einen Rahmenausschnitt greifen, verhindern ein Verschieben des Blocks in Längsrichtung. Zusätzliche Pass-Stücke zwischen den Winkelleisten und dem Rahmenausschnitt fixieren den Zylinderblock in seiner Lage.

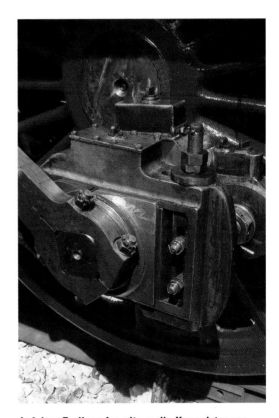

Auf dem Treibzapfen sitzen die Kuppelstangen, die Treibstange und die Gegenkurbel. Das Lager der Treibstange kann mit Hilfe eines Stellkeils nachjustiert werden. Foto: Dirk Endisch

Der Einströmkanal befindet sich oben in der Mitte des Blocks. Ein Flansch verbindet das Einströmrohr mit dem Einströmkanal. Links und rechts neben dem Einströmkanal sitzen bei einigen älteren Zylinderblöcken noch zwei zusätzliche kleinere Flansche, an die früher Luftsaugeventile angeschlossen waren. Mit der Einführung der Druckausgleich-Kolbenschieber waren die Ventile überflüssig und die Anschlüsse wurden blind geflanscht. Der Einströmkanal erweitert sich zur so genannten Ringkammer, in welcher der Schieber läuft. An beiden Enden befindet sich jeweils ein Bohrung, durch die das Kondenswasser über ein Rohr ablaufen kann (Schieberkastenentwässerung). Am Einströmkanal ist außerdem noch ein kleiner Stutzen angebracht, an dem entweder das Heißdampfthermometer (rechts) oder das Schieberkastenmanometer (links) angeschlossen wird. Unter dem Schieberkasten sitzt der Dampfzylinder, dessen Laufflächen geschliffen sind. Der Zylinder ist an den Enden leicht erweitert, damit sich durch den auftretenden Verschleiß keine Stufe bildet und der Kolben leicht ein- und ausgebaut werden kann. Die Zylinderwände sind in der Regel 35 oder 45 mm stark und damit massiver als eigentlich notwendig. Warum? Ganz einfach: Dadurch konnten die Laufflächen bei Bedarf häufiger nachgeschliffen werden. War dies nicht mehr möglich, konnten so genannte Zylinderbuchsen eingezogen werden, ohne dass der Zylinderblock neu angefertigt werden musste. An der Unterseite des Zylinders saßen die Entwässerungsventile, die auch als Zylinderhähne oder Zylinderventile bezeichnet werden.

Hatte der Dampf im Zylinder seine Arbeit verrichtet, entwich er in die links und rechts am Schieberkasten sitzenden Ausströmkästen, die bei älteren Loks angeschraubt wurden. Später waren die Ausströmkästen direkt an den Schieberkasten angegossen. Das Ausströmrohr saß entweder in der Mitte des Zylinders oder war über ein so genanntes Hosenrohr mit zwei Anschlüssen für den vorderen und den hinteren Ausströmkasten verbunden.

Im Zylinder saß der Kolben. Er musste einerseits hohe Drücke aushalten, durfte aber andererseits im Interesse eines guten Massenausgleichs nicht zu schwer sein. Die Kolben wurden entweder aus besonderem Stahl gegossen oder geschmiedet, teilweise gepresst. Drei oder fünf Kolbenringe schlossen den Kolben dampfdicht gegen die Zylinderwände ab. Die meist 8 mm breiten Kolbenringe bestanden aus Gusseisen und waren je nach Zylinderdurchmesser 12 bis 16 mm hoch. Die Stöße der Kolbenringe waren um 60° versetzt, damit der Dampf keinen Weg an ihnen vorbei fand. Sicherungsbleche fixierten die Stöße in ihrer Lage.

Der Kolben schwebte, getragen durch die Kolbenstange. Die aus Spezialstahl gefertigte Kolbenstange wurde hydraulisch in den Kolben gepresst und durch eine vernietete Mutter gesichert. Die Kolbenstange führte meist durch den vorderen und den hinteren Zylinderdeckel, die den Zylinder abschlossen. Stopfbuchsen aus Gusseisen dichteten die Kolbenstange ab. Die Zylinderdeckel waren in ihrer Form dem Kolben angepasst, damit der schädliche Raum minimiert werden konnte. Der Abstand zwischen Deckel und Kolben betrug im Normalfall vorne 16 mm und hinten 12 mm. Angegossene Rippen verstärkten den Deckel, der oben einen Anschluss für den Indikator besaß. Unterhalb der Stopfbuchse besaßen einige Loks ein Zylindersicherheitsventil. Es verhinderte, dass im Zylinder z. B. beim Überreißen von Wasser ein zu hoher Druck und damit Schäden am Triebwerk entstanden. Fehlte dieses Sicherheitsventil, übernahmen Bruchplatten aus Grauguss, die zwischen Zylinderdeckel und Kolben eingebaut wurden, deren Funktion.

Für die exakte Lage der Kolbenstange im Zylinder sorgten der Kreuzkopf (hinten) und die an den Zylinderdeckel gebaute Kolbenstangentragbuchse (vorne). Bei einigen Lokomotiven, die z. B. kleinere Zylinder oder eine zweischienige Kreuzkopfführung besaßen, entfiel die Tragbuchse. Die Kolbenstangentragbuchse war um eine horizontale, senkrecht zur Kolbenstange verlaufende Achse drehbar gelagert, damit sie sich dem Durchhang der Kolbenstange anpassen konnte.

Die im Kolben erzeugte Kraft wird von der Kolbenstange auf die Treibstange übertragen. Beide sind im Kreuzkopf durch den Kreuzkopfbolzen miteinander verbunden. Der Kreuzkopf läuft auf der Gleitbahn, die die auftretenden senkrechten Kräfte aufnimmt. Die Gleitbahn liegt auf dem hinteren Zylinderdeckel auf und ist mit einem Querträger des Rahmens verschraubt. Unterhalb des Kreuzkopfbolzens sitzt bei Loks mit Heusinger-Steuerung der Lenkeransatz, der die Lenkerstange mit dem Kreuzkopf verbindet.

Die Treib- und Kuppelstangen werden normalerweise aus Stahl geschmiedet. Der Schaft wird meist ausgefräst. Der so entstehende I-förmige Querschnitt verringert das Gewicht ohne Festigkeitsverlust. Die Stangenköpfe, die die Kuppelzapfen umfassen sind meist geschlossen. Lediglich Treibstangen für Innentriebwerke erhalten einen offenen Stangenkopf (Schnallenkopf). In den meisten Stangenköpfen sitzen Gleitlager, die nicht nachgestellt werden könne. Die Lager bestehen überwiegend aus einer Lagerschale aus Rotguss und einer Lauffläche aus Weißmetall.

Das hintere Treibstangenlager, also das Lager das den Treibzapfen umfasst, besteht aus zwei Schalen. Zwischen den Schalen befinden sich die Beilagen, die je nach Verschleiß des Lagers gewechselt werden müssen. Die hintere Lagerschale wird durch einen Stellkeil auf die vordere Schale gepresst. Der Stellkeil besitz einen angeschmiedeten Gewindeaussatz, der durch eine Mutter angezogen und durch eine Kontermutter gesichert wird. Die Mutter ermöglicht das Nachstellen des Lagers.

Auf den Stangenköpfen sitzen die Schmiergefäße, die entweder aufgeschweißt oder direkt in den Stangenkopf eingefräst werden. Die meisten Stangen haben die so genannten Nadelschmierung. Die Schmiernadel sitzt über dem Schmierloch in einer Tülle mit einer oberen und einer unteren Führung. Durch das Einhängen von Schmiernadeln unterschiedlicher Stärke (je nach Jahreszeit oder Belastung des Lagers) wird die Ölzufuhr reguliert.

5. RÄDER, LAGER UND FEDERN:

Der Rahmen und das Laufwerk

Die Dampfloks der Baureihe 99⁶⁴⁻⁷¹ erhielten seitenverschiebbare Achsen des Systems Gölsdorf. Durch die großen Überhänge haben die Fünfkuppler jedoch nur sehr bescheidene Laufeigenschaften. Am 18. April 2003 pausierten im Bahnhof Dippoldiswalde 99 713 und 99 715. Foto: Dirk Endisch

Das Fahrgestell der Dampflok, früher auch als »Wagen« bezeichnet, besteht aus zwei Gruppen, dem *Rahmen* und dem *Laufwerk*.

5.1 Der Rahmen

Der Rahmen ist so zusagen das »Fundament« der Dampflok. Er trägt den Kessel und das Triebwerk und nimmt die Achslager auf, mit denen die Lok auf dem Laufwerk ruht. Der Rahmen überträgt außerdem die vom Triebwerk entwickelte Zugkraft und Geschwindigkeit auf den Zug. Außerdem ist der Rahmen der Identitätsträger der Lok, das heißt, die Betriebs-Nummer ist immer dem Lok-Rahmen zugeordnet.

Grundsätzlich wird zwischen Innen- und Außenrahmen unterscheiden. Beim Innenrahmen liegen die Radsätze innerhalb der Rahmenwangen, beim Außenrahmen entsprechend außerhalb.

Der Rahmen besteht aus den beiden Rahmenwangen und aus mehreren Rahmenverbindungen, deren Zahl von der Länge und den Belastungen des Rahmens abhängen. Nach der Bauform werden Blech- und Barrenrahmen unterschieden. Der *Blechrahmen* besteht aus hohen, normalerweise 25 bis 30 mm starken Rahmenwangen. Die gewalzten Bleche werden entweder verschweißt oder vernietet. Der *Barrenrahmen* hingegen besteht aus gewalzten bzw. geschmiedeten Stahlbarren. Aufgrund der deutlich stärkeren (70 bis 100 mm) Rahmenwangen, ist der Barrenrahmen deutlich niedriger. Ausschnitte in den Barren ermöglichen einen wesentlich besseren Zugang zu den innerhalb des Rahmens liegenden Bauteilen, wie z. B. Federn, Lagern oder Innentriebwerken. Nach dem Grad der Bearbeitung des Barrenrahmens wird zwischen *allseitig bearbeitet* und *unbearbeitet* unterschieden. Häufig werden unbearbeitete Barrenrahmen mit Blechrahmen verwechselt. Barrenrahmen sind in der Herstellung deutlich teuerer, trotzdem verwendete die DRG für ihre Einheitsloks fast ausschließlich Barrenrahmen.

Nach dem Zweiten Weltkrieg griffen Bundes- und Reichsbahn wieder den Blechrahmen auf, der durch die Fortschritte in der Schweißtechnik billiger und schneller herzustellen war. Die Rahmenwangen wurden dabei durch angeschweißte Unter- und Obergurte verstärkt.

Die beiden Rahmenwangen werden durch die so genannten Rahmenverbindungen versteift. Als vordere Rahmenverbindung fungiert der kastenförmige, aus Pressblech hergestellte Pufferträger. In ihm sitzt der Zughaken; außerdem trägt er die beiden Puffer. Die hintere Rahmenverbindung bildet der Kuppelkasten, der das Haupt- und die beiden Notkuppeleisen einschließlich der Stoßpuffer und Federn für die Verbindung zwischen Lok und Tender aufnimmt. Der Kuppelkasten besteht meist aus Stahlguss. Bei Tenderloks wird der Kuppelkasten durch den hinteren Pufferträger ersetzt. Weitere Rahmenverbindungen sind meist in Höhe der Achslager der Kuppelachsen angebracht, da hier die größten Kräfte wirken. Diese Verbindungen bestehen meist aus senkrechten Blechen, die mit Winkeleisen verschraubt oder bei Blechrahmen verschweißt werden. Die Rahmenverbindungen haben oft noch andere Aufgaben: Häufig dienen sie als hintere Auflage für die Gleitbahn, Träger für die Schwinge und Steuerwelle oder bei Tenderloks als Stütze für die seitlichen Wasserkästen. Barrenrahmen werden zusätzlich durch ein Flacheisen in Höhe des unteren Rahmengurtes verstärkt.

Eine besondere Rahmenverbindung wird zwischen den beiden Zylinderblöcken eingebaut. Diese Verbindung besteht entweder aus einem Gussstück oder einer massiven Blechkonstruktion (genietet oder geschweißt). Diese Rahmenverbindung dient außerdem als Rauchkammerträger und nimmt häufig den Drehzapfen für das vordere Drehgestell oder eine andere Laufwerkskonstruktion (z. B. Bissel-Achse oder Krauss-Helmholtz-Lenkgestell) auf. Bei Drei- und Vierzylinderloks wird der mittlere Zylinderblock als Rahmenverbindung und Rauchkammerauflage verwendet. Allerdings ist die Nutzung des mittleren Zylinderblocks als Rauchkammerauflage recht problematisch, da durch die Wärmespannungen des Kessels zusätzliche Kräfte im Zylinderblock erzeugt werden, was z. B. bei der Baureihe 44 zu zahlreichen Schäden am mittleren Zylinder führte. Deshalb wurde später eine gesonderte Rauchkammerauflage entwickelt.

Wie bereits auf Seite 46 erwähnt, ist der Kessel aufgrund seiner Längenausdehnung nur in einem Punkt, der Rauchkammer, mit dem Rahmen fest verbunden. Alle anderen Verbindungen zwischen Dampferzeuger und Rahmen sind flexibel. Der Langkessel wird mit Hilfe der Pendelbleche in seiner Lage fixiert. Bei älteren Maschinen waren die so genannten Langkesselträger nur am Rahmen befestigt und der Dampferzeuger lag lose auf, sodass er sich ungehindert bewegen konnte. Mit dem Anheben der Kesselmitte war es möglich, die relativ dünnen Pendelbleche am Langkessel zu befestigen, da sie sich aufgrund der größeren Länge der Wärmeausdehnung anpassen konnten.

Der Stehkessel der Lok stützte sich auf dem Stehkesselträger ab. Dessen Bauform richtete sich nach der Bauart des Stehkessels, also ob dieser zwischen den Rahmenwangen eingezogen war oder über dem Rahmen lag. Saß der Stehkessel zwischen den Rahmenwangen, wurde der Stehkesselträger mit Trägern ausgerüstet, die sich auf der Rahmenoberkante abstützten. Eine Gleitschiene aus Rotguss sorgte dafür, dass der Kessel immer gleiten konnte und sich der Träger nicht festfraß. Eine Zwischenlage auf der Rahmenoberkante wurde zusätzlich eingebaut. Eine Klammer, die mit dem Stehkesselträger und dem Rahmen verbunden war, verhinderte ein Abheben des Kessels. Die hinten am Bodenring (siehe Seite 44) angebrachten Ansätze (Schlingerstücke) saßen in einer Führung auf einer Rahmenverbindung und konnten sich nur in der Längsrichtung bewegen. Stellkeile fixierten die Schlingerstücke. Je nach Größe des Kessels wurden ein oder zwei Schlingerstücke verwendet.

Lag der Kessel über der Rahmenoberkante, musste der Stehkesselträger anders konstruiert werden.

Der Bodenring des Dampferzeugers wurde nun zur Auflagerung genutzt. Außerdem brachte man links und rechts von den Schlingerstücken so genannte Tragschuhe an, die auf Rahmenverbindungen auflagen und von Klammern festgehalten wurden. Zwischen der Rahmenverbindung und den Tragschuhen lagen Gleitplatten.

Eine Ausnahme bildeten die Kriegslokomotiven der Baureihen 42 und 52, für die man eine spezielle Kesselauflage entwickelte. Bei ihnen verzichtete man auf das Schlingerstück und die Tragschuhe unter der Stehkesselrückwand. Stattdessen stützte sich der Kessel mit einem Pendelblech auf dem Rahmen ab. Dieses Blech war mit einem Ansatz am Bodenring verschraubt.

Zum Rahmen gehören auch die Zug- und Stoßvorrichtungen der Lok. Die Zugeinrichtung besteht aus dem abgefederten Zughaken mit der Schraubenkupplung. Der Vierkantschaft des Zughakens liegt in einer besonderen Führung im Pufferträger. Zwei starke Wickelfedern sorgen dafür, dass der Zughaken erst bei einer bestimmten Zugkraft herausgezogen wird. Die Kraft wird auf ein Sattelstück übertragen.

Die Stoßeinrichtung hat die Aufgabe, die beim Aufeinanderfahren der Fahrzeuge entstehenden Stöße zu dämpfen und die Fahrzeuge unter Spannung kuppeln zu können, ohne jedoch ihre Beweglichkeit gegeneinander einzuschränken. Das Kuppeln unter Vorspannung ist zwingend erforderlich, damit beim Anfahren und Bremsen keine Stöße oder Zerrungen im Zugverband entstehen. Zwei Puffer, die links und rechts am Pufferträger montiert sind, bilden bei Regelspur-Dampfloks die Stoßeinrichtung. Jeder Puffer besteht aus dem Pufferteller und der Pufferstange, die beide miteinander verschraubt oder vernietet sind. Die Pufferstange läuft wiederum in der Pufferhülse, die mit der Puffergrundplatte fest verbunden ist. Eine Ringfeder in der Pufferhülse nimmt die auftretenden Stoßkräfte auf.

Die Verbindung zwischen Lok und Tender muss besondere Bedingungen erfüllen: Einerseits muss sie beide Fahrzeuge so straff miteinander verbin-

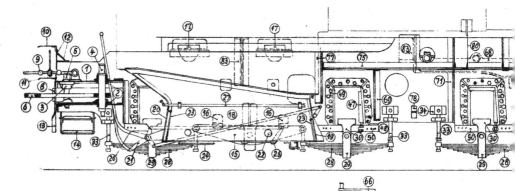

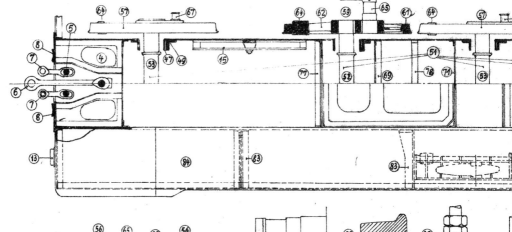

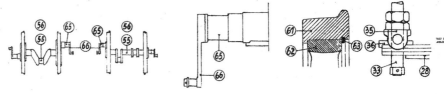

Nr.	Benennung	Zeichn. Nr. Gruppe Loko	Nr.	Benennung
1	Kuppelkasten	9.20	31	Beilage zur Tragfeder
2	Lager für Hauptkuppelbolzen	10.02	32	Keil zur Tragfeder
3	" " Notkuppelbolzen	10.03	33	Federspannschraube
4	Hauptkuppelbolzen	10.04	34	Federspannschraubenträger
5	Notkuppelbolzen		35	Sattelscheibe
6	Hauptkuppeleisen	10.06	36	Federdruckplatte
7	Notkuppeleisen		37	Achslager (Kuppelachse)
8	Stoßpufferplatte	10.08	38	" Bauart "Obergethmann"
9	Spannvorrichtung	10.43	39	Achslagerdeckel
10	Große Tenderbrücke	14.15	40	Achslagergehäuse
11	Kleine "	14.16	41	Achslagergleitplatte
12	Halter für die Tenderbrücke	14.17	42	Achslagerschale (mit Weißmetallausguß)
13	Tritt am Kuppelkasten	9.23	43	Achslagerunterkasten
14	Tritte " Führerhaus	15.47	44	Schmierpolster
15	Längsausgleichhebel und Träger	14.16÷14.18	45	Obere Achslagerschale (mit Weißmetallausguß)
16	Anschläge der Ausgleichhebel	" "	46	Untere " " " "
17	Klammern der Stehkesselträger	3.01	47	Achslagerstellkeil
18	Aschkasten	7.01	48	Achslagerstellkeilschraube
19	Vordere Aschkastenklappe	7.05	49	Achslagerführung
20	Hintere "	7.09	50	Achsgabelsteg
21	Aschkastenzug	23.03÷04	51	Radsatzgruppe
22	Stehloch im Aschkasten	7.04	52	Treibachswelle
23	Aschkastenfunkensieb	7.15	53	Kuppelachswelle
24	Mannloch im Aschkastenboden	7.14	54	Laufachswelle
25	Aschkastenbodenklappe	7.17	55	Kropfachswelle
26	Aschkastenbodenklappenzug	23.07	56	Treibradsatz
27	Aschkastenspritzrohr und Teile	7.20	57	Kuppelradsatz
28	Tragfeder	11.04-11.06	58	Laufradsatz
29	Federbund	11.02	59	Treibrad
30	Achslagergehänge	12.23	60	Achsschenkel

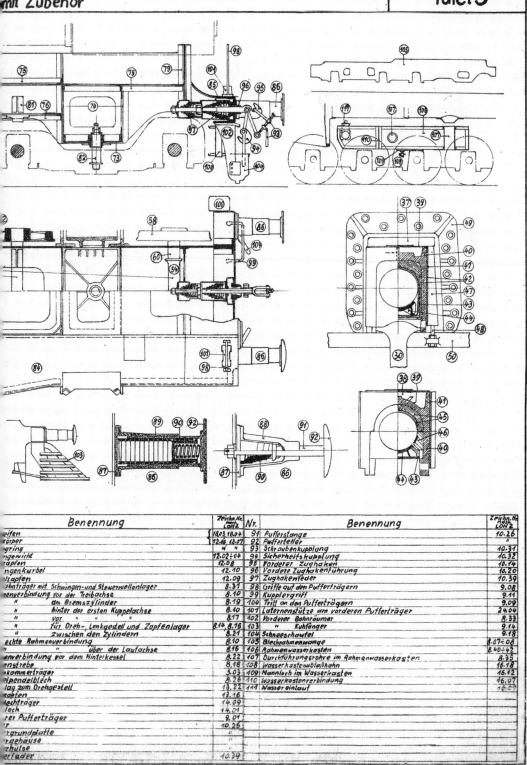

Benennung	Zeichn.Nr. nach LonZ	Nr.	Benennung	Zeichn.Nr. nach LonZ
...reifen	18.03, 18.04	91	Pufferstange	10.26
...körper	12.06, 12.07	92	Pufferteller	"
...gring	" "	93	Schraubenkupplung	10.31
...ngewicht	12.02÷06	94	Sicherheitskupplung	10.32
...zapfen	12.08	95	Vorderer Zughaken	10.14
...ngenkurbel	12.10	96	Vordere Zughakenführung	10.20
...hzapfen	12.09	97	Zughakenfeder	10.39
...hträger mit Schwingen-und Steuerwellenlager	8.31	98	Griffe auf den Pufferträgern	9.08
...menverbindung vor der Treibachse	8.10	99	Kupplergriff	9.11
" am Bremszylinder	8.19	100	Tritt an den Pufferträgern	9.09
" hinter der ersten Kuppelachse	8.40	101	Laternenstütze am vorderen Pufferträger	2404
" vor " "	8.17	102	Vorderer Bahnräumer	8.33
" für Dreh- Lenkgestell und Zapfenlager	8.14, 8.16	103	" Kuhfänger	9.14
" zwischen den Zylindern	8.21	104	Schneeschaufel	9.18
...echte Rahmenverbindung	8.10	105	Blechrahmenwaange	8.07÷08
" über der Laufachse	8.16	106	Rahmenwasserkasten	8.40÷42
...enverbindung vor dem Hinterkessel	8.22	107	Durchführungsrohre im Rahmenwasserkasten	8.35
...enstrebe	8.18	108	Wasserkastenablaßhahn	16.18
...kammerträger	5.03	109	Mannloch im Wasserkasten	16.12
...pendelblech	8.26	110	Wasserkastenverbindung	16.07
...lag zum Drehgestell	13.22	111	Wassereinlauf	16.09
...zapfen	13.16			
...rechträger	14.09			
...lech	14.01			
...rer Pufferträger	9.01			
...	10.26			
...rgrundplatte	"			
...rgehäuse	"			
...rhülse				
...rfeder	10.39			

Zeichnung: Archiv Dirk Endisch

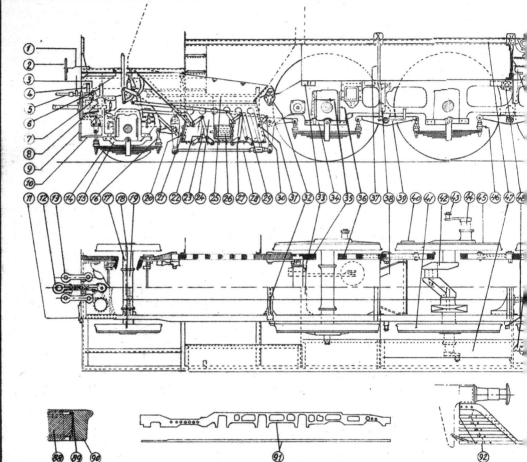

Nr.	Benennung	Zeichn. Nr. nach LON 2	Nr.	Benennung
1	Große Tenderbrücke	14.15	29	Aschkastenklappenzug
2	Träger für Tenderbrücke	14.17	30	Aschkastenfunkensieb, vorn
3	Kuppelkasten	9.20	31	Vordere Aschkastenklappe
4	Notkuppelbolzen	10.04	32	Stehkesselträger
5	Spannvorrichtung	10.43	33	Wagerechte Rahmenverbindung
6	Hauptkuppelbolzen	10.04	34	Achslagerstellkeilschraube
7	Lager für Notkuppelbolzen	10.03	35	Achslagerstellkeil
8	Lager für Hauptkuppelbolzen	10.02	36	Achslagerführung
9	Tritt am Kuppelkasten	9.23	37	Kesselpendelblech
10	Tritte am Führerhaus	15.47	38	Senkrechte Rahmenverbindung
11	Stoßpufferplatte	10.08	39	Längsausgleichhebel und Träger
12	Hauptkuppeleisen	10.06	40	Gegengewicht
13	Notkuppeleisen	10.06	41	Treibradsatz
14	Tragfeder	11.04, 05.08	42	Kropfachswelle
15	Achsgabelsteg	12.38, 44.43	43	Schwingenkurbel
16	Winkelausgleichhebel	11.22	44	Treibzapfen
17	Achsschenkel	12.02+12.07	45	Treibrad
18	Laufradsatz	12.06, 12.07	46	Federspannschraube
19	Laufachswelle	12.06, 12.07	47	Laufblech
20	Hintere Aschkastenklappe	7.09	48	Bremshängeträger
21	Aschkastenfunkensieb, hinten	7.15	49	Laufblechträger
22	Reinigungsloch im Aschkasten	7.01	50	Radsatzgruppe
23	Vorderer, hinterer Aschkastenbodenklappenzug	23.07	51	Innere Gleitbahnträger
24	Aschkasten	7.01	52	Federbund
25	Aschkastenspritzrohr und Teile	7.20	53	Kugelzapfen
26	Aschkastenreinigungsklappe	7.16	54	Gleitbahnträger mit Schwingen u. Steuerwellenlager
27	Aschkastenbodenklappen	7.17	55	Kuppelradsatz
28	Verbindungsstange zwischen Winkelausgleichhebel	11.22	56	Achslager

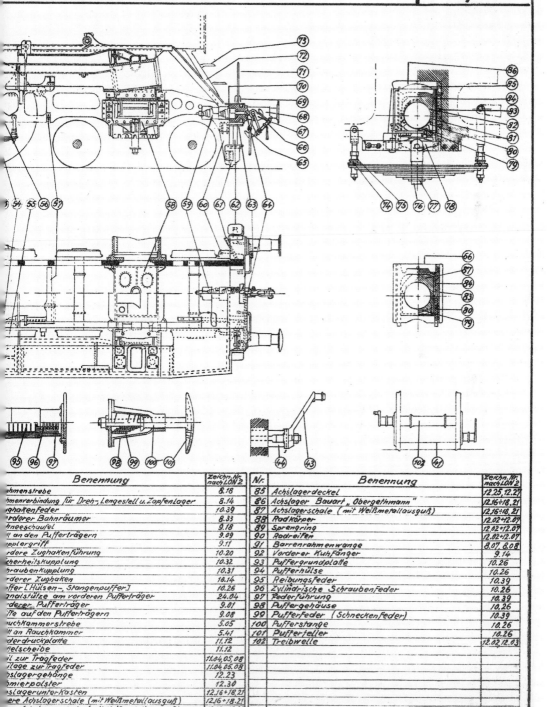

Nr.	Benennung	Zeichn.Nr. nach LON 2		Nr.	Benennung	Zeichn.Nr. nach LON 2
	...hmenstrebe	8.18		85	Achslagerdeckel	12.25,12.27
	...hmenverbindung für Dreh-, Lengestell u. Zapfenlager	8.14		86	Achslager Bauart „Obergethmann"	12.16÷18.21
	...ughakenfeder	10.39		87	Achslagerschale (mit Weißmetallausguß)	12.16÷18.21
	...rderer Bahnräumer	8.33		88	Radkörper	12.02÷12.07
	...hneeschaufel	9.18		89	Sprengring	12.02÷12.07
	...t an den Puffertragern	9.09		90	Radreifen	12.02÷12.07
	...pplergriff	9.11		91	Barrenrahmenwange	8.07,8.08
	...rdere Zughakenführung	10.20		92	Vorderer Kuhfänger	9.14
	...cherheitskupplung	10.32		93	Puffergrundplatte	10.26
	...hraubenkupplung	10.31		94	Pufferhülse	10.26
	...rderer Zughaken	10.14		95	Reibungsfeder	10.39
	...ffer [Hülsen-, Stangenpuffer]	10.26		96	Zylindrische Schraubenfeder	10.26
	...nalstütze am vorderen Pufferträger	24.04		97	Federführung	10.39
	...derer. Puffertrager	9.01		98	Puffergehäuse	10.26
	...tte auf den Puffertragern	9.08		99	Pufferfeder (Schneckenfeder)	10.39
	...uchkammerstrebe	5.05		100	Pufferstange	10.26
	...t an Rauchkammer	5.41		101	Pufferteller	10.26
	...derdruckplatte	11.12		102	Treibwelle	12.02,12.03
	...lelscheibe	11.12				
	...il zur Tragfeder	11.04,05,08				
	...lage zur Tragfeder	11.04,05,08				
	...bslagergehänge	12.23				
	...mierpolster	12.30				
	...slagerunter-kasten	12.16÷18.21				
	...ere Achslagerschale (mit Weißmetallausguß)	12.16÷18.21				
	...re Achslagerschale (mit Weißmetallausguß)	12.16÷18.21				
	...slagergleitplatte	12.16÷18.21				
	...slagergehäuse	12.16÷18.21				

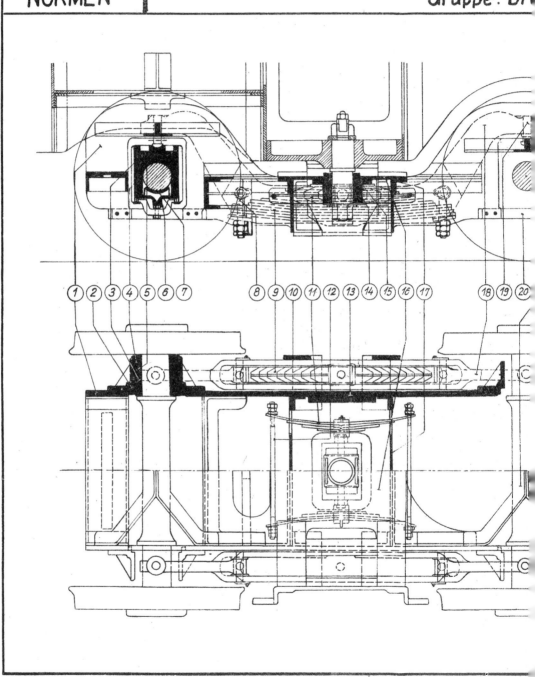

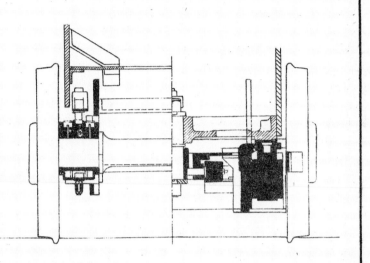

Nr	Benennung	Zeichng. Nr nach ion
1	Drehgestellwange	13.04
2	Achslagerführung	13.25
3	Achslagergehäuse	13.24
4	Achslagergleitplatte	"
5	Achslagerschale mit Weißmetallausguß	"
6	Achslagerunterkasten	"
7	Schmierpolster	13.28
8	Federspannschraube	13.10
9	Tragfeder	13.07
10	Fangbügel zum Federträger	13.12
11	Rückstellfeder	13.20
12	Spannschraube	13.19
13	Federbügel	13.11
14	Drehzapfenlager	13.16
15	Drehzapfenlagerbuchse	"
16	Rahmenverbindungsblech, wagerecht	13.06
17	" senkrecht	"
18	Federträger zum Drehgestell	13.09
19	Druckzapfen	"
20	Achsgabelsteg	13.26
21	Rahmenverbindungswinkel	13.06
22	Rahmenstrebe	"
23	Laufradsatz	12.06

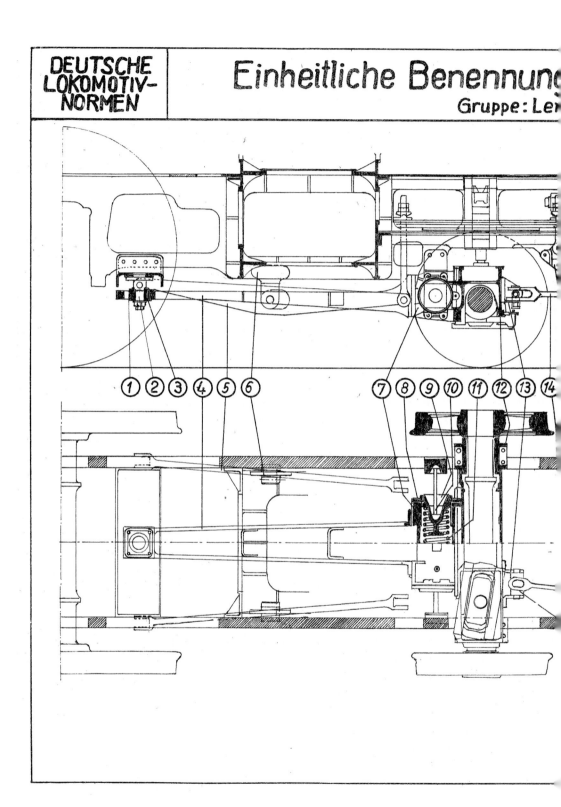

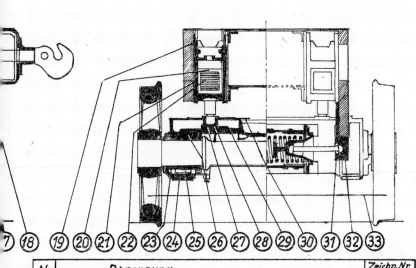

Nr.	Benennung	Zeichn.Nr. nach LON 2
1	Kugellager	13.31
2	Drehzapfen	13.36 + 37
3	Kugelstück	13.31
4	Deichsel	13.31
5	Ausgleichhebel	11.17 + 18
6	Träger	11.17 + 18
7	Gehäuse für Rückstellfeder	13.47
8	Druckring	13.47
9	Federteller	13.47
10	Druckstange	13.45
11	Rückstellfeder	13.47
12	Achslagergehäuse	13.51
13	Halter für Pendelvorrichtung	13.38
14	Pendelstange	13.38
15	Federspannschraubenträger	11.13
16	Federspannschraube	11.12
17	Federdruckplatte	11.12
18	Sattelscheibe	11.12
19	Gleitplatte	13.49
20	Federbund	13.49
21	Federstütze	13.49
22	Tragfeder	11.08
23	Achslagerunterkasten	13.51
24	Achsgabelsteg	13.51
25	Schmierpolster	13.55
26	Achslagerschale mit Weißmetallausguß	13.51
27	Gleitplatte	13.51
28	Druckplatte	13.51
29	Sattelstück	13.51
30	Achslagerdeckel	13.54
31	Halter für Druckstangenlager	13.45
32	Druckstangenlager	13.45
33	Laufradsatz	12.06
34	Gelenkstück für Pendelvorrichtung	13.38

Zeichnung:
Archiv Dirk Endisch

den, dass sie eine zusammenhängende Einheit bilden. Und andererseits muss die Kupplung so beweglich sein, dass sich Lok und Tender bei ihrer gemeinsamen Fahrt nicht gegenseitig behindern. Das Hauptkuppeleisen, das vom Hauptkuppelbolzen gehalten wird, zieht den Tender und damit den gesamten Zug. Links und rechts vom Hauptkuppeleisen liegen die beiden kleineren Notkuppeleisen. Bricht das Hauptkuppeleisen, übernehmen sie dessen Aufgaben. Die Augen der Kuppeleisen sind oben und unten etwas aufgeweitet, damit sich Lok und Tender auch senkrecht zueinander bewegen können, was z. B. beim Befahren von Drehscheiben, Schiebebühnen oder bei Unebenheiten im Gleis notwendig ist. Zwei Stoßpuffer drücken Lok und Tender soweit auseinander, dass das Hauptkuppeleisen immer unter Spannung steht. Die Stoßpuffer dämpfen außerdem die Schlingerbewegungen der Maschine, damit sich diese nicht auf den Zug übertragen können. Bahnräumer und Rangiergriffe ergänzen die Ausrüstung des Rahmens.

5.2 Das Laufwerk

Das Laufwerk einer Dampflok umfasst alle Radsätze, alle vorhandenen Lenk- und Drehgestelle sowie alle Bauteile, mit denen sich der Rahmen auf die Radsätze abstützt. Dazu gehören Achslager, Achslagergehäuse, Achslagerführungen, Tragfedern und Ausgleichhebel. Die Radsätze werden nach ihrer Funktion in Treib-, Kuppel- und Laufradsätze unterschieden. Der Aufbau aller Radsätze ist im Prinzip gleich: Ein Radsatz besteht aus der Achswelle und den beiden Radkörpern, die auf die Welle gepresst und mit Keilen gegen Verdrehen gesichert werden.

Bis zum Zweiten Weltkrieg bestanden die Radkörper bei der DRG ausschließlich aus Speichenrädern. Ab 1940 verwendete man bei einigen Baureihen für die Tender- und Laufachsen Scheibenräder. Die Speichenräder setzten sich aus der Radnabe, den Speichen und dem Unterreifen zusammen. Bei den Treib- und Kuppelrädern wurde der Kurbelarm aus Stabilitätsgründen an die Radnabe angegossen. In den Kurbelarm wurde der Treib- bzw. Kuppelzapfen eingepresst. Auf der dem Kurbelarm gegenüberliegenden Seite befanden sich die Gegengewichte, die die umlaufenden Massen ausglichen.

Auf den Radkörper wurde der Radreifen aufgeschrumpft. Der Radreifen besaß eine kegelige Lauffläche und wurde an der Innenseite durch den Spurkranz begrenzt. Die kegelige Form hat einen besonderen Zweck: Wirkt auf ein Rad eine seitliche Kraft, so läuft das Rad durch das Spiel im Gleis mit dem anderen Rand an den Schienenkopf an. Die kegelige Lauffläche erzeugt nun eine Kraft, die so lange wirkt, bis der Radsatz wieder exakt in der Mitte des Gleises läuft.

Der Verwendungszweck einer Dampflok bestimmt den Durchmesser der Treib- und Kuppelräder. Mit zunehmender Höchstgeschwindigkeit wird der Durchmesser immer größer, was in erster Linie den höheren Drehzahlen und dem Massenausgleich geschuldet ist. Güterzuglokomotiven besitzen meist 1.400 mm große Treib- und Kuppelräder, schnellfahrende Güterzugloks, wie die Baureihen 41 und 45, besaßen sie sogar einen Durchmesser von 1.600 mm. Personenzuglokomotiven haben Treib- und Kuppelräder mit Durchmessern von bis zu 1.750 mm. Die Treib- und Kuppelräder der Schnellzugloks messen meist 2.000 mm. Schnellfahrmaschinen, wie die Baureihen 05 und 61, erhielten sogar Treib- und Kuppelräder mit einem Durchmesser von 2.300 mm. Allerdings nimmt mit steigenden Durchmesser die Zugkraft ab.

Schnellzugloks besaßen meist ein vorderes Drehgestell. Besonderen Anforderungen unterlag das Fahrwerk der 18 201, die für eine Höchstgeschwindigkeit von 175 km/h zugelassen ist.
Foto: Dirk Endisch

Zahlreiche Tenderloks hatten symmetrische Laufwerks, so auch die Baureihe **64**. Die Laufachsen der **64 289** sind als **Bissel-Achsen ausgeführt (Tübingen, 13. April 2000).** Foto: Dirk Endisch

Drei- und Vierzylinderloks besitzen gekröpfte Treibachsen für das Innentriebwerk. Hier eine Kropfachse der ehemaligen preußischen G 12.
Foto: Dirk Endisch

Die meisten Achswellen sind gerade, lediglich die Treibachsen von Drei- und Vierzylindermaschinen besitzen gebogene (»geköpfte«) Achsen. Die Ach-

sen sind zur Gewichtsreduzierung und zur Kontrolle des Materials auf Fehler innen durchbohrt.

Der Rahmen stützt sich über die Achslager auf den Achsen ab. Damit die während der Fahrt auftretenden senkrechten Stöße nicht auf die Lok übertragen werden, sind zwischen Rahmen und Achslagern Federn geschaltet. Meist handelt es sich dabei um Blattfedern, die die Stoßkräfte durch Reibung zwischen den einzelnen Federlagen auf-

zehren. Die auf den Rahmen wirkenden Stoßkräfte können so auf ein Minimum reduziert werden.

Das Achslager besteht im Wesentlichen aus dem Achslagergehäuse, der Achslagerschale und dem Achslagergehänge. Die geteilte Achslagerschale besteht aus Rotguss und einer Lauffläche aus Weißmetall. Die Stirnflächen der Lagerschale erhalten ebenfalls einen Ausguss aus Weißmetall, da sie die Anlaufkräfte an den Bunden der Achswellen und Radnaben aufnehmen müssen. Das Achslagergehäuse nimmt die Lagerschale auf und besteht entweder aus Stahlguss oder wird aus Stahl gepresst. Die Außenform des Gehäuse hat fünf ebene Flächen, damit sich die Lagerschale im Gehäuse nicht mit dreht. Bunde, die das Gehäuse umfassen, verhindern, dass sich die Schale auf der Achse verschiebt. Von unten wird dann der so genannte Achslagerunterkasten angebracht, in dem sich das Schmierpolster befindet. Einige Maschinen wie z. B. die Baureihen 42 und 52 besitzen eine Oberschmierung. Unten am Gehäuse sind pendelnd die Achslagergehänge montiert, an denen die Tragfedern mit Bolzen befestigt werden. Das Achslagergehänge hält auch den Unterkasten. An den Seiten des Achslagergehäuses befinden sich die Gleitplatten.

Die Achslager der Treibachsen sind eine besondere Konstruktion, da die herkömmlichen Achslager nur für senkrechte Kräfte ausgelegt sind. Die Lager der Treibachse werden jedoch durch die Kolbenkräfte auch in waagerechter Richtung beansprucht. Zu den bekanntesten Treibachslagern gehören die der Bauarten Obergethmann und

Bei der Mallet-Lok ist das hintere Triebwerk fest mit dem Rahmen verbunden, das vordere hingegen ist beweglich. Die Harzer Schmalspurbahnen GmbH setzt noch heute zeitweise die 1918 gebaute 99 5906 auf der Selketalbahn im Plandienst ein (Gernrode, 7. September 2002).

Foto: Dirk Endisch

Die umlaufenden Massen werden durch Gegengewichte in den Radkörpern ausgeglichen. Hier das Treibrad der 41 231 (Staßfurt, März 2001). Foto: Dirk Endisch

Mangold. Beim Obergethmann-Lager ist auch die untere Lagerschale mit Weißmetall ausgegossen und wird gegen den Achsschenkel gedrückt. Zwischen den beiden Lagerschalen liegen Beilagen, die bei Verschleiß gewechselt werden, damit die untere Lagerschale wieder anliegt. Da das Nachstellen des Obergethmann-Lagers relativ schwierig ist, wurde das Mangold-Lager entwickelt, bei dem die unteren Lagerschalen von der Seite nachgestellt werden können.

Die Achslagerführungen besitzen seitliche Leisten, mit denen Sie den Rahmen umfassen. Damit sich die Achsen auch quer zum Rahmen neigen können, müssen sich die Achslagergehäuse ebenfalls schief stellen können. Aus diesem Grund sind die Achslagerführungen nicht durchgehend parallel, sondern oben und unten abgeschrägt.

Der Achslagerausschnitt im Rahmen wird unterhalb des Achslagergehäuses durch den Achsgabelsteg zusammengehalten. Der Achsgabelsteg wird in Ansätze am Rahmen eingesetzt und durch Pass-Schrauben befestigt. Die Gleitplatten und Achslagerführungen sind im Betrieb starken Belastungen ausgesetzt. Damit sich der Verschleiß am Achslager selbst in Grenzen hält, ist auf einer Seite des Achslagers eine Beilage aus Stahl eingebaut. Auf der gegenüberliegenden Seite, meist

hinten, wird ein Achslagerstellkeil montiert, der über eine Stellschraube justiert wird.

Die Tragfedern bestehen aus besonderem Stahl und ruhen entweder mit Federstützen auf den Achslagern oder hängen an den Achslagergehängen. Spannschrauben übertragen die Last des Rahmens auf die Federn.

5.3 Kurvenbewegliche Laufwerke

Ende des 19. Jahrhunderts standen die Eisenbahn-Ingenieure vor einem Problem: Für die immer schwerer werdenden Züge, vor allem im Güterverkehr, reichten die bisherigen Maschinen nicht mehr aus. Doch für mehr Leistung brauchten sie mehr Reibungsmasse, was mehr gekuppelte Radsätze notwendig machte. Doch wie sollten die nun benötigten Vier- und Fünfkuppler durch die Kurven fahren? Eine Möglichkeit war, das Fahrwerk zu teilen. Diesen Weg gingen unter anderem Anatole Mallet (1837–1919) und Jean Jacques Meyer (1804–1877), die die nach ihnen benannten Gelenk-Lokomotiven entwickelten. Beide teilten das Triebwerk in zwei Einheiten, die im Verbundprinzip arbeiteten. Während bei der Mallet-Lok das vordere Niederdruck-Triebwerk beweglich und das hintere Triebwerk fest mit dem Rahmen verbunden war, hatten die Meyer-Loks zwei bewegliche Triebwerke, deren Zylinder in der Fahrzeug-Mitte lagen. Zwar besaßen beide Konstruktionen einen sehr guten Kurvenlauf, doch die Laufeigenschaften bei höheren Geschwindigkeiten und die recht hohen Instandhaltungskosten sprachen gegen sie.

Erst Karl Gölsdorf (1861–1916) löste das Problem zufrieden stellend. Er ließ zwischen den Stirnflächen der Lagerschalen und der Bunden auf dem Achsschenkel ein Spiel, sodass sich die Achse bei Einfahrt in den Gleisbogen verschieben konnte. Weitere Konstruktionen folgten, doch weder die Klien-Lindner-Hohlachsen noch der Luttermöller-Antrieb konnten sich in größeren Stückzahlen durchsetzen.

Anders sah es bei den unterschiedlichen Lenkgestellen und Laufachsen aus. Zu den ältesten Konstruktionen gehörte die Bissel-Achse. Die Laufachse wurde in einer Deichsel gelagert, die am Rahmen an einem Drehzapfen befestigt war. Ein Rückstellvorrichtung brachte die Bissel-Achse nach der Kurvenfahrt wieder in die Mittellage. Die Bissel-Achse war zwar sehr einfach in der Fertigung und preiswert in der Unterhaltung, neigte aber bei zu schwacher Rückstellvorrichtung und zu hohen Geschwindigkeiten relativ leicht zum Schlingern.

Meist nur als hintere Laufachse wurde in Deutschland die Adams-Achse verwendet. Die Achse lag in einem Gussrahmen. Eine kreisförmige Verbindung zwischen Achslagergehäuse und Rahmen zwang die Laufachse, sich in der Kurve radial einzustellen.

Schnellfahrende Dampflokomotiven erhielten meist ein zweiachsiges Drehgestell, das für eine sehr gute Führung im Gleis sorgte. Ebenfalls großer Beliebtheit erfreute sich das Krauss-Helmholtz-Lenkgestell, bei dem eine Laufachse und eine benachbarte Kuppelachse durch eine Deichsel miteinander verbunden waren.

Das Führerbremsventil sitzt immer auf der rechten Seite des Führerstandes (links daneben das Zusatzbremsventil).
Foto: Dirk Endisch

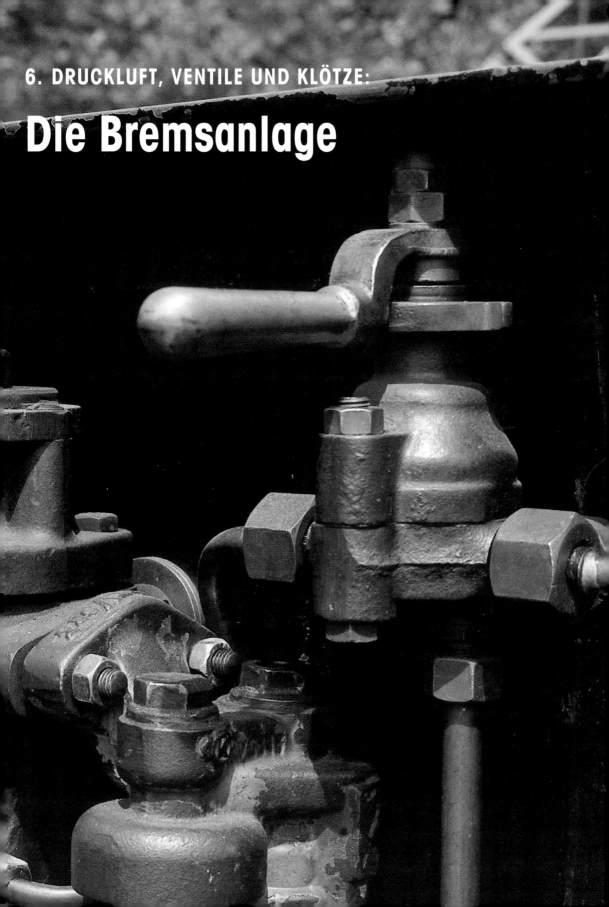

6. DRUCKLUFT, VENTILE UND KLÖTZE:

Die Bremsanlage

Die Bremse hat die Aufgabe, die Geschwindigkeit der Lok und des Zuges gegebenenfalls bis zum Stillstand zu verringern. Dabei wird die Bewegungsenergie der Fahrzeuge vernichtet, in dem sie in Reibung umgewandelt wird. Bei Dampflokomotiven und bei den meisten Wagen dienen dazu Bremsklötze, die an die Radreifen gepresst werden. Neben diesen Klotzbremsen gibt es bei Kolbendampfmaschinen noch eine zweite Möglichkeit, die Bewegungsenergie in Reibung umzusetzen: Der Lokführer legt die Steuerung entgegen der Fahrtrichtung aus und gibt Gegendampf. Da jedoch diese als »Kontern« bezeichnete Methode das Triebwerk sehr stark beansprucht, darf sie nur in absoluten Notfällen angewendet werden. Eine weitere Möglichkeit besteht darin, in den Zylindern Luft zu komprimieren. Dieses Prinzip nutzt die Gegendruckbremse.

Die Kraft, mit der bei der Klotzbremse die Bremsklötze gegen die Radreifen gepresst werden, kann nicht beliebig gesteigert werden. Wird der Bremsklotz gegen das Rad gedrückt, tritt an der Berührungsstelle eine Reibungskraft (Bremskraft) auf, die versucht, das Rad festzuhalten. Diese Kraft wirkt entgegen der Drehrichtung. Das Rad rollt aber nur auf der Schiene, da zwischen Rad und Schiene die Haftreibung auftritt. Sie verhindert auch das so genannte Gleiten, wenn die Bremskraft das Rad noch während der Fahrt zum Stillstand bringen würde. Die Haftreibung zwingt also dem Rad eine Rollbewegung auf, die entgegengesetzt der Bremskraft wirkt. Das Rad bleibt also erst stehen, wenn die Bremskraft genauso groß wie die Haftreibung – in diesem Fall ist die so genannte Rollgrenze erreicht – oder größer ist. Von entscheidender Bedeutung ist jedoch dabei die Reibungszahl, die mit zunehmender Geschwindigkeit kleiner wird, während die Haftreibung immer konstant bleibt. So erklärt sich, warum die Räder schleifen, bevor die Lok zum Stehen kommt. Das Gleiten muss beim Bremsvorgang vermieden werden, denn dadurch werden nicht nur die so genannten Flachstellen in

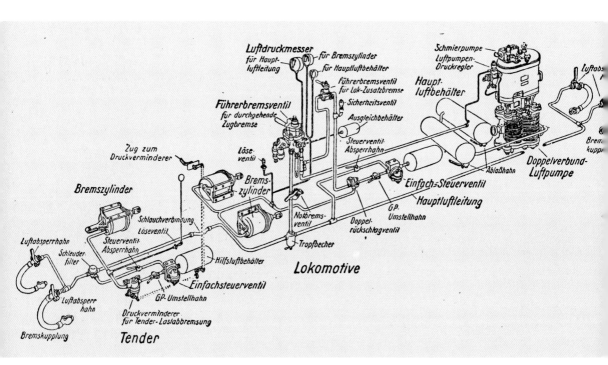

Die Anordnung der Teile der Druckluftbremse an der Lok und am Tender. Zeichnung: Archiv Dirk Endisch

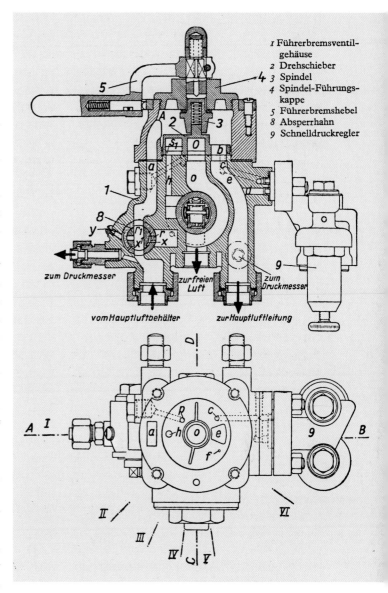

1 Führerbremsventil-
  gehäuse
2 Drehschieber
3 Spindel
4 Spindel-Führungs-
  kappe
5 Führerbremshebel
8 Absperrhahn
9 Schnelldruckregler

zum Druckmesser

zur freien Luft

zum Druckmesser

vom Hauptluftbehälter

zur Hauptluftleitung

die Radreifen geschliffen, sondern man verlängert auch den Bremsweg erheblich.

Die Bremsklötze sollen nach Möglichkeit immer in der Radmitte wirken. Klötze, die unterhalb der Radmitte liegen, heben die Räder während des Bremsens leicht an, was die ungebremsten Räder zusätzlich belastet. Die Treib- und Kuppelachsen der meisten Dampfloks werden nur einseitig abgebremst. Lediglich schnellfahrende Maschinen besitzen doppelseitige Bremsklötze. Diese so genannten Scherengestänge sind so angeordnet, dass die Klötze oberhalb und unterhalb der Radmitte anliegen.

Die Bremsklötze bestehen aus Gusseisen, das eine gute Reibungszahl auf dem Radreifen hat und diesen schont. Außerdem ist der Verschleiß gusseiserner Bremsklötze relativ gering. Die früher einteiligen Bremsklötze wurden später durch einen Bremsklotzhalter mit der aufgesetzten Bremssohle ersetzt. Da sich lange Sohlen durch die beim Bremsen erzeugte Wärme leicht aufbiegen können, wurden schnellere Dampflokomotiven mit Doppelbremsklötzen (ein Halter mit zwei Sohlen) ausgerüstet.

Das Bremsgestänge überträgt die im Bremszylinder erzeugte Kraft. Es besteht aus der Bremswelle, den Ausgleichhebeln, den Bremszugstangen, den Bremsbalken, den Ausgleichstangen und den Winkelhebeln. Ein oder zwei Bremshebel übertragen die Kraft vom Bremszylinder auf die Bremswelle. Spannschlösser im Bremsgestänge ermöglichen das Nachstellen der Bremse. Dampflokomotiven

sind meist mit zwei Bremszylindern ausgerüstet, von denen jeder auf einer Maschinenseite arbeitet.

Die Klotzbremsen werden je nach dem, wie die Bremskraft erzeugt wird, in Handbremsen, Gewichtsbremsen, Dampfbremsen sowie in Druck- und Saugluftbremsen unterteilt. Dampf- und Gewichtsbremsen (z. B. Heberleinbremse) spielten bei Dampflokomotiven bereits vor dem Ersten Weltkrieg nur noch eine untergeordnete Rolle, weshalb sie an dieser Stelle nicht weiter erläutert werden sollen.

Außerdem unterteilt man die Bremsen noch in *Einzelbremsen* und *durchgehende Bremsen*. Während Einzelbremsen nur auf ein einziges Fahrzeug wirken (z. B. Handbremsen), wird bei durchgehenden Bremsen von einem Fahrzeug aus, meist die Lok, der ganze Zug gebremst.

6.1 Druckluftbremsen

Die meisten Druckluftbremsen funktionieren nach demselben Prinzip: In einem nach einer Seite hin geschlossenen Zylinder sitzt ein Kolben mit einer Kolbenstange, die mit dem Bremsgestänge verbunden ist. In den abgeschlossenen Arbeitsraum des Zylinders mündet die Druckluftleitung, die an den Hauptluftbehälter, der die Druckluft speichert, angeschlossen ist. In der Druckluftleitung hat zwischen Hauptluftbehälter und Bremszylinder ein Dreiwegehahn seinen Platz. Stellt dieser eine Verbindung zwischen Hauptluftbehälter und Bremszylinder her, strömt die Druckluft in den Zylinder und der Kolben erzeugt eine Kraft. Schließt der Hahn die Luftzufuhr ab und stellt eine Verbindung mit der freien Luft her, entweicht die Druckluft wieder und eine auf der Kolbenstange montierte Feder bringt den Bremskolben in seine Ausgangslage.

Die wichtigsten Bestandteile der Druckluftbremse sind die Luftpumpe, die die notwendige Druckluft erzeugt, die Hauptluftbehälter, die Bremseinrichtungen an den Fahrzeugen (Bremszylinder, Bremsgestänge, Bremsklötze), die Hauptluftleitung und das Führerbremsventil.

Bremsen werden in *selbsttätige* und *nichtselbsttätige* Bremsen unterteilt. Der Unterschied: Nichtselbsttätige Bremsen sprechen bei einer Zugtrennung nicht an. Die abgetrennten Zugteile können nur durch eigene Bremsen, meistens Handbremsen, angehalten werden. Der Bremsvorgang wird erst dann eingeleitet, wenn der Lokführer über das Führerbremsventil Druckluft in die Bremszylinder

lässt. Nach diesem Prinzip funktioniert zum Beispiel die Henry-Bremse.

Bei selbsttätigen Druckluftbremsen ist der Bremszylinder nicht direkt an die Hauptluftleitung angeschlossen, sondern nur mit einem Steuerventil an einen Hilfsluftbehälter, der von der Hauptluftleitung versorgt wird. Entweicht Luft aus der Hauptluftleitung, stellt das Steuerventil eine Verbindung zwischen dem Hilfsluftbehälter und dem Bremszylinder her.

Bei einigen Bremsbauarten kann die Bremskraft nicht stufenweise gelöst werden. Sie werden als *einlösige* Bremsen bezeichnet. Wird bei diesen Bremsen nach jedem Lösen die Luftleitung nicht wieder voll aufgefüllt, kann der Druck in den Hilfsluftbehältern soweit abfallen, dass schließlich keine ausreichende Bremskraft mehr erzeugt werden kann – die Bremse ist erschöpft.

Bremsen, bei denen die Bremskraft stufenweise reduziert werden kann, nennt man *mehrlösige* Bremsen. Die beim Bremsen verbrauchte Luft ist ersetzt, wenn die Bremse vollständig gelöst wurde, sodass diese Bremsen unerschöpfbar sind.

Die unterschiedliche Wirkungsweise beruht in erster Linie auf den verschiedenen Steuerventilen. Sie werden grundsätzlich in *einfachwirkende* und *schnellwirkende* unterschieden. Bei einfachwirkenden Steuerventilen dauert es vergleichsweise lange, bis die Druckreduzierung vom Führerbremsventil am Zugschluss angekommen ist. Bei ihnen ist die so genannte Durchschlagsgeschwindigkeit relativ gering. Dies ist besonders nachteilig, wenn schnell stark gebremst werden muss. Dann kann es passieren, dass der vordere Zugteil schon bremst, während der hintere mit unverminderter Geschwindigkeit aufläuft. Um dies zu verhindern, haben die schnellwirkenden Steuerventile ein so genanntes Beschleunigungsorgan, das ihre Durchschlagsgeschwindigkeit erhöht.

In Deutschland wurden seit dem Ende des 19. Jahrhunderts verschiedene Bauarten der Druckluftbremse verwendet. Zu den einlösigen Bremsen gehörten dabei die selbsttätigen Bremsen der Bauart Westinghouse (Wbr), der Bauart Knorr (Kbr), der Bauart Knorr für besonders schnellfahrende Lokomotiven (Kssbr) sowie die Bauarten Westinghouse und Knorr mit schnellwirkendem Steuerventil (Wpbr bzw. Kpbr). Bei den mehrlösigen Bremsen wurden die Bauarten der selbsttätigen Bremsen der Bauart Kunze-Knorr für Güterzüge (Kkgbr), der Bauart Kunze-Knorr für Personenzüge (Kkpbr), der Bauart Kunze-Knorr für Schnellzüge (Kksbr) sowie die Hildebrand-Knorr-Bremsen für Güterzüge (Hikgbr), für Personenzüge (Hikpbr) und Schnellzüge (Hikssbr) verwendet.

Jede Druckluftbremse benötigt Druckluft, die mit Hilfe einer Luftpumpe erzeugt wurde. Je nach benötigter Luftmenge rüstete man die Loks mit einer einstufigen, einer zweistufigen oder einer Doppelverbund-Luftpumpe aus. Die Wirkungsweise und der prinzipielle Aufbau dieser Pumpen waren gleich. Jede Pumpe bestand aus einem Dampfteil, dessen Kolbenstange den darunterliegenden Luftteil antrieb. Einstufige Luftpumpen drückten die angesaugte Luft sofort in den Hauptluftbehälter. Doppelverbund- und zweistufige Luftpumpen hingegen saugten die Luft an und drückten sie in einen zweiten Zylinder, wo sie verdichtet wurde und dann erst in den Hauptluftbehälter geleitet wurde. Jede Luftpumpe war mit einem Druckregler ausgerüstet. Herrschte im Hauptluftbehälter der Betriebsdruck (8 kp/cm^2), unterbrach der Druckregler die Dampfzufuhr. Fiel der Druck im Hauptluftbehälter um lediglich 0,3 bis 0,4 kp/cm^2, begann die Pumpe wieder zu arbeiten.

Die Bremskraft regulierte der Lokführer mit dem Führerbremsventil. Die meisten Dampfloks waren mit dem so genannten *Drehschieber-Führerbremsventil der Bauart Knorr* ausgerüstet. Dieses Ventil saß rechts im Führerstand und stellte die Verbindung von den beiden Hauptluftbehältern zur Hauptluftleitung her. Es bestand im Wesentlichen aus dem Leitungs- bzw. Schnelldruckregler und dem eigentlichen Ventil, das sechs verschiedene Stellungen einnehmen konnte. Dies waren die Füll- oder Lösestellung (I.), die Fahrtstellung (II.), die

Mittelstellung (III.), die Abschlussstellung (IV.), die Betriebsbremsstellung (V.) und die Schnellbremsstellung (VI.) (Zeichnung S. 83).

In der Stellung I wurden alle an die Hauptluftleitung angeschlossenen Bremseinrichtungen mit Druckluft gefüllt. In der Fahrtstellung (II.) wurde der Druck in der Hauptluftleitung konstant gehalten, das heißt, kleinere Druckverluste, etwa durch undichte Bremskupplungen zwischen den Fahrzeugen, ersetzte die Luftpumpe. In der Mittelstellung (III.) wurden diese Druckverluste nicht ausgeglichen. Das Führerbremsventil lag nur in der Mittelstellung, wenn vor der Maschine eine Vorspannlok fuhr, deren Lokführer nun den Zug bremste. In der Abschlussstellung (IV.) wurde die eingeleitete Brems- oder Lösestufe gehalten. Legte der Lokführer das Ventil in die Betriebsbremsstellung (V.), entwich Luft aus der Hauptluftleitung und die Bremsen griffen. Riss der Lokführer das Führerbremsventil in die Schnellbremsstellung (VI.) durch, verringerte sich der Druck in der Hauptluftleitung schlagartig und in kürzester Zeit wurde die volle Bremsleistung erzielt.

Neben dem Führerbremsventil besitzen Dampfloks noch eine Zusatzbremse. Die Zusatzbremse wird nur bei Lokleerfahrten und Rangierfahrten benutzt. Sie wirkt direkt auf die Maschine. Das Zusatzbremsventil hat nur die Lösestellung (I.), die zugleich die Fahrtstellung ist, die Abschlussstellung (II.) und die Bremsstellung (III.).

6.2 Saugluftbremsen

Die Saugluftbremsen wurden auf der Regelspur recht schnell durch Druckluftbremsen ersetzt. Ihre relativ geringe Bremskraft und der dafür recht hohe Dampfverbrauch waren dafür verantwortlich. Auf Schmalspurbahnen hingegen konnten sich die Saugluftbremsen noch viele Jahrzehnte behaupten. Im Jahr 2003 verkehrten die Dampfzüge auf der Schmalspurbahn Radebeul Ost – Radeburg noch immer mit Saugluftbremsen. Auf

Museumsbahnen werden sie ebenfalls noch genutzt.

In Deutschland wurden die Saugluftbremsen der *Bauart Hardy* und der *Bauart Körting* verwendet. Beide Bremsen arbeiteten nach dem gleichen Grundprinzip: In einem stets senkrecht eingebauten Bremszylindern wurde auf der oberen Kolbenseite ein Unterdruck erzeugt. Der atmosphärische Luftdruck wirkte jetzt auf den Kolben und drückte diesen je nach Größe des Vakuums in den Zylinder.

Bei den in Deutschland verwendeten selbsttätigen Saugluftbremsen teilte der Kolben den Bremszylinder in eine Ober- und eine Unterkammer. Während die Unterkammer mit der Hauptluftleitung verbunden war, war die Oberkammer an den Hilfsluftbehälter angeschlossen. Der Hilfsluftbehälter vergrößerte das Volumen der Oberkammer. Im Kolben war ein Doppelventil eingebaut, das sich aus dem Rückschlag- und dem Aufstoßventil zusammensetzte. Das Doppelventil öffnete sich beim Lösen der Bremse, sodass die Oberkammer und der Hilfsluftbehälter leergesaugt werden konnten. War der Druck in der Ober- und der Unterkammer gleich, war die Bremse gelöst. Ließ der Lokführer nun Luft in die Hauptluftleitung einströmen, schloss das Rückschlagventil die Oberkammer und den Hilfsluftbehälter ab. Der atmosphärische Luftdruck erzeugte jetzt in der Unterkammer einen Überdruck, der den Kolben nach oben schob. Dadurch wurde der Zug gebremst.

Die Hardy- und die Körting-Bremse unterschieden sich lediglich in der Konstruktion der Bremszylinder und der Luftsauger. Bei der Körting-Bremse war der Bremshebel mit der Kolbenstange fest verbunden. Deshalb besaßen Kolben und Kolben-

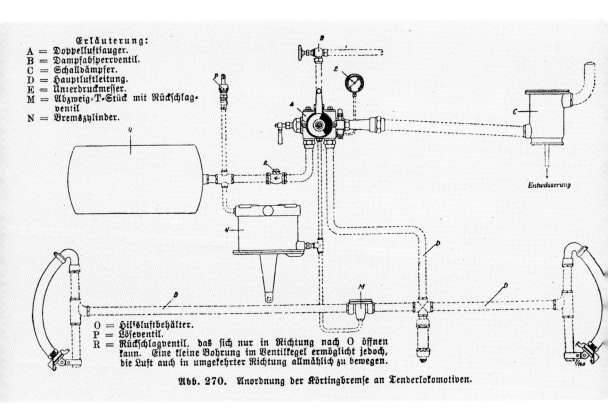

Die Anordnung der Teile der Saugluftbremse der Bauart Körting an einer Lok. Zeichnung: Archiv Dirk Endisch

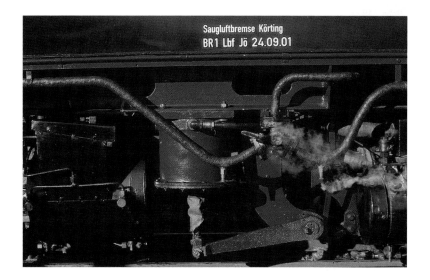

Saugluftbremse Körting
BR1 Lbf Jö 24.09.01

stange einen Kugelzapfen. Eine Ledermanschette dichtete den Kolben ab. Bei der Hardy-Bremse dagegen war der Bremshebel pendelnd mit der Kolbenstange verbunden, und der Kolben wurde mit einem so genannten Rollring abgedichtet. Dieser Gummiring neigte jedoch bei großen Zylinderdurchmessern leicht zum Schieflaufen, was dann zu Undichtigkeiten führte.

Ein Dampfstrahl im so genannten Luftsauger erzeugte bei beiden Bremsen den notwendigen Unterdruck. Der Sauger der Hardy-Bremse war mit dem so genannten Kombinationsejektor ausgerüstet. Dieser Doppel-Luftsauger bestand aus zwei ineinander steckenden Ejektoren. Der größere von beiden erzeugte das Vakuum in dem Bremszylindern und der Hauptluftleitung, der kleinere hielt den Unterdruck konstant. Der Bremshebel besaß die Stellungen »Bremsen los«, »Fahrt«, »Wagenzug gebremst« und »Alles gebremst«. Bei den vereinfachten Hardy-Apparaten entfiel die Stellung »Wagenzug gebremst«. Zwischen den Stellungen »Fahrt« und »Wagenzug gebremst« bzw. »Alles gebremst« konnte der Lokführer die Bremswirkung entsprechend einstellen.

Der Körting-Sauger setzte sich hingegen aus einem kleineren und einem größeren Luftsauger zusammen, die über ein gemeinsames Ventil mit Dampf versorgt wurden. Zum Einstellen der Bremswirkung diente die so genannte Luftklappe.

6.3 Handbremsen

Nach der Eisenbahn-Bau- und Betriebsordnung müssen alle Dampflokomotiven mit einer Handbremse ausgerüstet sein. Diese dient in erster Linie dazu, das Fahrzeug im Stillstand gegen unbeabsichtigtes Bewegen zu sichern. Bei Schmalspurloks dient die Handbremse manchmal auch als Betriebsbremse bei Rangierfahrten. Die Handbremse genügt aber nur für geringe Geschwindigkeiten. Schlepptendermaschinen besitzen selbst keine Handbremse, da damit der Schlepptender ausgerüstet ist.

Die gebräuchlichste Handbremse ist die *Wurfhebelbremse*. Sie erzeugt in kurzer Zeit die volle mögliche Bremskraft. Dies wird durch eine besondere Konstruktion der Hebelarme erreicht. Wird der große Hebelarm aus seiner Ruhestellung bewegt, legen sich die Bremsklötze an die Radreifen an. Drückt der Wurfhebel nun weiter nach unten, verkleinert sich der Hebelarm und erzeugt auf diese Weise eine große Übersetzung, sodass eine enorme Klotzkraft entsteht.

6.4 Gegendruckbremse

Das Funktionsprinzip der Gegendruckbremse ist simpel aber wirkungsvoll: Die kinetische Energie des Zuges wird dazu genutzt, im Zylinder der Lok Luft zu verdichten und Wärme zu erzeugen. Das ist bei Dampfloks einfach. Der Lokführer braucht dazu nur die Steuerung entgegen der Fahrtrichtung auszulegen und schon saugt der Kolben durch die Ausströmung Luft an, die er verdichtet und dann durch die Einströmung in den Überhitzer drücken würde. Allerdings wäre so die

Bremswirkung recht klein, zu dem würde Lösche in die Zylinder und Schieberkästen gelangen, was zu Schäden führt. Daher besitzt die Gegendruckbremse der Bauart Riggenbach einige zusätzliche Komponenten. Mit dieser Gegendruckbremse wurden in erster Linie Maschinen ausgerüstet, die auf Steilstrecken zum Einsatz kamen, da auf diese Weise der Verschleiß an den Klotzbremsen und Radreifen minimiert werden konnte. Die wichtigsten Bauteile der Riggenbachschen Gegendruckbremse waren der Absperrschieber im Blasrohr, das Drosselventil am Schieberkasten, der Schalldämpfer und die Einspritzeinrichtung. Fuhr die Lok ins Gefälle, öffnete der Lokführer zunächst das Drosselventil (halbe Umdrehung), damit die komprimierte Luft ins Freie gelangen konnte. Anschließend schloss er das Blasrohr und dann die Druckausgleicher. Erst jetzt legte er die Steuerung entgegen der Fahrtrichtung aus. Zur Kühlung der Zylinder musste nun in regelmäßigen Abständen Wasser eingespritzt werden, damit die Temperatur nicht über 300° C anstieg, da sonst die Schmierung versagt hätte. Den Bremsdruck regelte der Lokführer mit dem Drosselventil, wobei der Gegendruck im Zylinder 6 kp/cm^2 nicht überschreiten durfte. War der Bremsdruck trotz voll geöffnetem Drosselventil zu groß, musste der Lokführer die Füllung verkleinern. Die im Zylinder komprimierte Luft entwich deutlich hörbar aus dem Schalldämpfer.

Wenn der Lokführer die Bremskraft der Gegendruckbremse nicht mehr benötigte, schloss er zuerst das Einspritzventil und öffnete das Drosselventil ganz. Die Steuerung wurde nun behutsam wieder in Fahrtrichtung ausgelegt. Jetzt öffnete der Lokführer die Druckausgleicher und schloss das Drosselventil. Zuletzt wurde das Blasrohr wieder geöffnet.

Eine betriebsfähige Riggenbach-Gegendruckbremse besitzt bis heute die Museumslok 94 1292. Zwischen Läutewerk und Schornstein ist der Schalldämpfer zu sehen. Links neben der Lichtmaschine ist der Handzug (oben) für das Drosselventil zu sehen. Foto: Dirk Endisch

Typisch für die Einheitslokomotiven der 1920er- und 1930er-Jahre waren die großen Windleitbleche, mit denen auch die Güterzugloks ausgerüstet wurden. Die 50 849 besitzt noch heute diese Windleitbleche (Glauchau, 26. Juli 2002). Foto: Dirk Endisch

Die allgemeinen Einrichtungen

7.1 Führerhaus, Umlauf und Windleitbleche

Der Arbeitsplatz von Lokführer und Heizer, das Führerhaus, befindet sich hinten am Stehkessel. Schlepptender-Maschinen besitzen meist ein nach hinten offenes Führerhaus. Nur bei den stromlinienverkleideten Schnellzugloks (Baureihen 01^{10}, 03^{10}, 05 und 06), der Baureihe 23 der DB sowie den Kriegsloks der Baureihen 42 und 52 war der Führerstand auch nach hinten geschlossen. Die Einheitstender der Bauart 2'2'T 26 besaßen eine Rückwand, die bei den Baureihen 23 und 50 das Personal vor den Witterungsunbilden schützte.

Tenderloks besaßen hingegen immer ein geschlossenes Führerhaus.

Die Wände des Führerhauses bestanden normalerweise aus 3 bis 4 mm starken Blechen, die innen mit Holz verschalt wurden. Das Führerhaus ruhte auf am Rahmen montierten Trägern. Die Vorderwand stützte sich zusätzlich auf dem Stehkessel ab, war mit ihm aber nicht verbunden. Der Boden des Führerstandes bestand als Holz, das vor der Feuertür mit einer Blechplatte geschützt wurde. In der Vorderwand wurde rechts und links neben dem Stehkessel je ein Stirnfenster eingebaut, das meist drehbar war. Bundes- und Reichsbahn bauten später bei einigen ihrer Maschinen

Die Führerhäuser der meisten Schlepptenderloks sind nach hinten offen. Bei Rückwärtsfahrten ist das Personal den Launen des Wetters mehr oder minder schutzlos ausgeliefert.
Foto: Dirk Endisch

Bei Tenderlokomotiven hingegen lassen sich die meisten Führerhäuser komplett schließen. Die Wasserkästen liegen bei der 99 4801 links und rechts neben dem Kessel. Der Kohlekasten befindet sich hinter dem Führerhaus. Foto: Dirk Endisch

Bei den Baureihen 42 und 52 endet das Umlaufblech in Höhe der Einströmrohre. Außerdem besitzen die Maschinen keine Umlaufschürze (52 8148 im Bw Halberstadt am 2. Januar 1998). Foto: Dirk Endisch

so genannte Klarsichtapparate ein, bei denen eine mit Druckluft angetriebene, rotierende Scheibe bei Regen und Schnee die Sicht verbesserte. Über den Stirnfenstern saßen meist Sonnenblenden, schnell fahrende Lokomotiven erhielten dagegen oft Windstauschuten, die die Fenster vor herum fliegenden Schmutz oder Öl schützten. In die Seitenwände waren meist zwei Fenster eingebaut worden, von denen sich das hintere, häufig größere Fenster öffnen ließ. An beiden Seiten dieses Fensters waren kleine, meist umklappbare Schutzfenster angeordnet, die fälschlicherweise häufig als Windschutzscheiben bezeichnet werden. Die äußere Kante dieser Fenster markierte oft die größte nach der EBO zugelassenen Breite.

Das Personal gelangte über links und rechts angebrachte Leitern oder Trittstufen in den Führerstand. Schlepptenderlokomotiven hatten oft nur Klapptüren, die bis zur Fensterbrüstung reichten. Einige Maschinen, meist Tenderloks, besaßen hohe Türen mit eingebauten Fallfenstern, also Fenstern, die sich zum Öffnen in der Tür versenken lassen. Ein Segeltuchvorhang schloss den Führerstand

bei Schlepptender-Maschinen nach hinten ab. Zur Be- und Entlüftung des Führerstandes dienten im Dach eingebaute Lüftungsklappen oder Schlitze. An den beiden Seitenwänden befand sich außerdem jeweils ein Sitz für Lokführer und Heizer. Eine Wärmeaufsatz über der Feuertür ermöglichte das Vorwärmen von Öl oder Speisen. Schlepptender-Maschinen wurden außerdem mit einer Tenderbrücke ausgerüstet, die den Spalt zwischen Lok und Tender abdeckte.

Die Rückwand der Tenderlokomotiven erfüllte noch andere Aufgaben. Sie bildete beispielsweise die Vorderwand für den Kohle- und Wasserkasten. Erstere wurde meist durch eine zweiflügelige zum Kohlekasten hin aufschlagende Tür verschlossen. In der Rückwand saßen außerdem mehre Kästen, die Werkzeug, Ersatzteile und die persönlichen Gegenstände des Personals aufnahmen.

Vom Führerhaus bis vorn zur Pufferbohle reichten die Umlaufbleche. Tritte und Handstangen ermöglichten dem Personal das Besteigen des Kessels. Das Umlaufblech unterhalb der Rauchkammertür, auch als »Schürze« bezeichnet, entfiel später bei

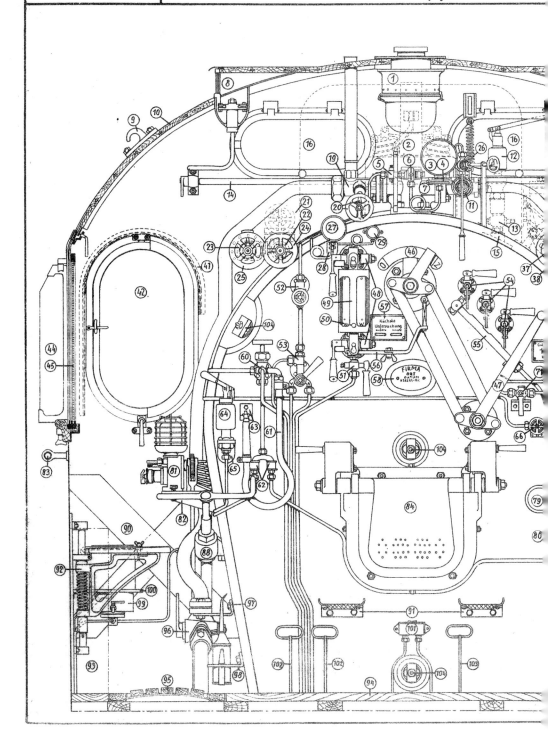

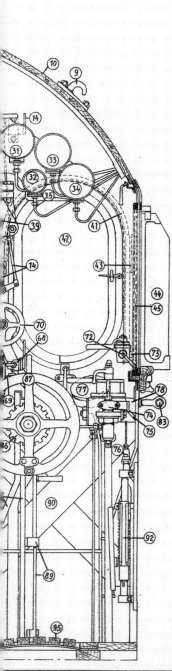

Nr.	Benennung	Zeichn Nr. nach LON 2	Nr.	Benennung	Zeichn Nr. nach LON 2
1	Führerhauslaterne	15.42	61	Kohlenspritzschlauch	26.44
2	Sicherheitsventil	4.20	62	Rückschlagventil für Rauchkammer- und Aschkastenspritze	4.44 4.45
3	Kesseldruckmesser	4.36	63	Halter für Kohlenspritzschlauch	26.44
4	Halter für Kesseldruckmesser	24.11	64	Handschmierpumpe	25.21
5	Druckmesserhahn	4.36	65	Halter zur Handschmierpumpe	22.63 26.51
6	Eichdruckmesserhahn	4.38	66	Dampfventil zum Läutewerk	26.38
7	Dampfentnahmestutzen	4.02	67	Ventil zur Gegendruckbremse	22.71
8	Lüftungsaufsatz	15.30	68	Anstellhahn für Druckausgleicher	19.42
9	Haken zum Abheben des Führerhauses	15.40	69	Halter zum Anstellhahn für Druckaus- gleicher	24.12
10	Holzbedachung	15.08	70	Handrad zum Drosselventil für Gegen- druckbremse	23.45
11	Strahlpumpendampfventil	4.05	71	Dreiweghahn zum Preßzylinder	22.73
12	Dampfpfeife	4.24	72	Zusatzbremshahn	22.79-80
13	Dampfpfeifenhahn	4.25	73	Halter für Zusatzbremshahn	22.60
14	Pfeifenzug	23.14	74	Führerbremsventil	22.79-80
15	Untersatz zur Dampfpfeife	3.62	75	Halter zum Führerbremsventil	22.60
16	Klappfenster in der Führerhaus- vorderwand	15.17	76	Auslöseventil	22.79-80
17	Kesselspeiseventil	4.13	77	Geschwindigkeitsmesser	26.31
18	Feuerlöschstutzen	4.15	78	Halter zum Geschwindigkeitsmesser	26.34
19	Dampfheizventil	26.02	79	Hahn zum Sandstreuer	17.08
20	Zug zur Dampfheizeinrichtung	23.43	80	Halter zum Hahn für Sandstreuer	"
21	Absperrventil zur Speisepumpe	25.17	81	Schmierpumpe	26.21
22	Dampfventil	25.16	82	Träger zur Schmierpumpe	26.25
23	" zum Hilfsbläser	4.42	83	Handstangenstütze	15.36
24	Zug zum Speisepumpendampfventil	23.37	84	Feuertür	3.08
25	Hilfsbläserzug	23.23	85	Steuerbock und Halter	21.42
26	Dampfventil zur Koch- und Wärme- einrichtung	26.74	86	Steuerschraube und Teile	21.44
27	Heizdruckmesser	26.15	87	Steuerrad	21.49
28	Halter für Heizdruckmesser	26.14	88	Spindelbock zum Kipprost	3.23
29	Vorwärmdruckmesser	25.21	89	Führungsbock und Handhebel zum Zylinderventilzug	23.10
30	Fernthermometer	4.41	90	Holzversteifung der Führerhauswände	15.09
31	Ferndruckmesser	4.40	91	Tritte an der Stehkesselrückwand	15.48
32	Druckmesser für Bremsluftbehälter	22.79-80	92	Sitze	15.51
33	" " Bremsleitung	" " "	93	Werkzeugkasten im Führerhaus	17.21
34	" " Bremszylinder	" " "	94	Führerhausbodenbelag	15.10
35	Halter zum Bremsdruckmesser	22.69	95	Federnde Fußunterlage im Führer- haus	15.11
36	" für Druckmesser	24.11	96	Dreiweghahn zur Dampfheizeinrichtung	26.04
37	Luftpumpendampfventil	22.61	97	Halter für Dreiweghahn	26.06
38	Zug zum Luftpumpendampfventil	23.36	98	" " Ölflaschen	24.14
39	Strahlpumpe	4.04	99	Teile zur Koch-und Wärmeeinrichtung	26.73
40	Halter zur Strahlpumpe	24.01	100	Halter	26.75
41	Fensterschirm	15.27	101	Schmiergefäß	10.36
42	Drehfenster in der Führerhaus- vorderwand	15.16	102	Aschkastenzüge	23.03
43	Fahrplanrahmen	15.46	103	Aschkastenbodenklappenzug	23.07
44	Seitliches Schutzfenster	15.29	104	Waschluken mit Pilz	3.34
45	Schiebefenster in der Führerhaus seitenwand	15.22			
46	Reglerstopfbuchse	3.48			
47	Reglerhandhebel	3.50			
48	Wasserstandsanzeiger	4.28			
49	Wasserstandsschutz	4.31			
50	Wasserstandsmarke	24.39			
51	Wasserstandsablaßhahn	4.47			
52	Dampfventil zur Radreifenspritze	26.48			
53	Strahlpumpe	26.47			
54	Prüfhahn	4.33			
55	Fangrohr	4.34			
56	Laternenstütze zum Wasserstands- anzeiger	24.09			
57	Untersuchungsschild	24.34			
58	Kesselschild	24.30			
59	Geschwindigkeitsschild	24.35			
60	Ventil für Aschkasten-, Rauchkammer- und Kohlenspritze	4.44 4.45 26.44			

Zeichnung: Archiv Dirk Endisch

In den 1950er-Jahren lösten die kleinen so genannten Witte-Bleche die großen Windleitbleche ab. Einige Maschinen, wie die Baureihe 01^5, besaßen einen Verstärkungsrand. Foto: Dirk Endisch

zahlreichen Loks und wurde durch ein Trittblech ersetzt. Allerdings verschmutzten auf diese Weise recht leicht die Zylinderblöcke durch herunterfallende Lösche.

Zahlreiche Baureihen besaßen links und rechts an der Rauchkammer befestigte Windleitbleche. Diese hatten die Aufgabe, den Abdampf und die Rauchgase abzuleiten, damit das Personal nicht in seiner Sicht behindert wurde. Die großen, von der DRG eingeführten Windleitbleche gaben den Einheitsloks ihr unverwechselbares Aussehen. Die großen Blechtafeln werden oft fälschlicherweise als »Wagner-Windleitbleche« (nach Richard Paul Wagner, dem langjährigen Bauartdezernent der DRG) bezeichnet. Die während des Zweiten Weltkrieges entwickelten kleinen Windleitbleche nennt man häufig Witte-Windleitbleche (nach Friedrich Witte, dem Nachfolger Wagners als Bauartdezernent).

7.2 Schmierpumpen und Beleuchtung

Für die Schmierung der unter Dampf gehenden Teil wurden alle Dampfloks mit einer speziellen Schmierpumpe ausgerüstet. Diese saß meist im Führerhaus auf der linken Seite. Die ersten Zentralschmierungen für die Nassdampflokomotiven waren recht simpel: Die De Limon-Fluhme-Pumpe war ein so genannter Sichtöler und hatte seinen Platz meist im Führerhaus auf der Reglerstopfbuchse. Das Öl wurde mit einem kleinen Dampfstrahl vermischt und gelangte so zu den Schmierstellen in den Schieberkästen und Zylindern. Allerdings war diese Art der Schmierung ineffektiv und wenig wirkungsvoll. Der Dampf zersetzte relativ schnell das Öl, was dessen Schmierfähigkeit deutlich verringerte.

Mit der Einführung des Heißdampfes mussten die Ingenieure neue Schmierpumpen entwickeln. Das

Öl gelangte nun durch Ölleitungen zu den Schmierstellen. Ältere Heißdampfloks hatten dabei an jedem Zylinder je drei Schmierstellen für den Zylinder und zwei für den Schieber. Die DRG verbesserte die Schmierung der unter Dampf gehenden Teile, in dem die Kolbenstange und die Kolbenstangentragbuchse ebenfalls an die Schmierpumpe angeschlossen wurden.

Im Grundaufbau waren fast alle Schmierpumpen identisch: Sie bestanden aus einem Vorratsbehälter und dem darunter liegenden Pumpenteil, das über ein Gestänge von der hinteren linken Kuppelachse angetrieben wurde. Die Pumpen erzeugten dabei einen Öldruck von bis zu 200 kp/cm^2 in den Leitungen. Damit konnten selbst hartnäckige Verkrustungen in den Leitungen beseitigt werden.

Eine der ersten Hochdruck-Schmierpumpen war der De Limon-Öler, der vier bis sechs Anschlüsse besaß. Jeder Anschluss hatte eine eigene Ölkammer mit Ölstandsglas, Umschalthahn, Pumpenelement und Einstellvorrichtung für die zu fördernde Ölmenge. Die DRG ersetzte den De Limon-Öler aber bereits in den 1920er-Jahren durch die Schmierpumpen der Bauart Michalk und der Bauart Bosch.

Die Michalk-Schmierpumpe, die auch als Einheitsschmierpumpe bezeichnet wurde, kam ab 1922 zum Einsatz. Typisch für sie waren die drei ovalen Glasbehältern und der darunter liegende Antrieb. Eine Weiterentwicklung der Einheitsschmierpumpe war die Michalk-Hochleistungs-Ölschmierpumpe Bauart JM, mit der die DR in der DDR später einige ihrer Neubau- und Reko-Dampfloks ausrüstete. Die Michalk-Hochleistungs-Ölschmierpumpe bestand aus einem rechteckigen Vorratsbehälter aus Metall und dem ebenfalls darunter angeordneten Antrieb.

Die elektrische Beleuchtung dient in erster Linie dazu, die Signallaternen und die Lampen im Führerhaus mit Strom zu versorgen. Die großen Signallaternen werden mit 24 Volt betrieben.
Foto: Dirk Endisch

Die wohl bekannteste Schmierpumpe dürfte der große Bosch-Öler sein. Das Heißdampföl gelangte aus dem Vorratsbehälter über den Tropfenanzeiger und die Ölleitungen zu den Schmierstellen. Mit dem Tropfenanzeiger konnten Ölmenge und Ölfluss kontrolliert werden. Die Fördermenge wurde mit Hilfe von Flügelmuttern eingestellt.

Die elektrische Beleuchtung einer Dampflok war recht spärlich. Neben den vorgeschriebenen Signallaternen an beiden Fahrzeugenden gab es noch eine Beleuchtung für den Führerstand und die wichtigsten Armaturen (Kesseldruck-Manometer, Wasserstand, Steuerungsskala, Tachometer und Fahrplankasten). Mit einer Triebwerksbeleuchtung,

die dem Personal das Abschmieren, die obligatorischen Kontrollen und eventuelle Reparaturen bei Dunkelheit erleichterten, waren nicht alle Dampfloks ausgerüstet. Die elektrische Anlage der Maschine bestand im Wesentlichen aus dem als Lichtmaschine bezeichneten Turbogenerator, dem Schalt- und Sicherungskasten auf der Lok (meist über dem linken Seitenfenster) sowie den Signallaternen an den Fahrzeugenden, der Triebwerks- und der Führerstandsbeleuchtung. Die Anlage war für eine Leistung von 0,5 kW bei 24 Volt ausgelegt. Die Indusi-Anlage wurde auch von der Lichtmaschine versorgt, die dafür aber mit einem speziellen Indusi-Umformer nachgerüstet wurde.

Die meisten Museumslokomotiven erhielten hingegen beim Einbau einer Indusi eine zweite Lichtmaschine.

Der Turbogenerator erzeugt den elektrischen Strom. Die meist mit Nassdampf betriebene Lichtmaschine bestand aus einer kleinen Dampfturbine und dem Generator. Ein Fliehkraftregler begrenzte die Drehzahl der Turbine auf 3.600 Umdrehungen pro Minute.

Erst ab Mitte der 1920er-Jahre wurden die Dampfloks mit einer elektrischen Beleuchtung ausgerüstet. Bis dahin besaßen sie meist eine Gasbeleuchtung, nur wenige Loks hatten eine Petroleum- oder Ölbeleuchtung. Das verwendete Ölgas war kein herkömmliches Steinkohlengas, sondern wurde durch die

Die Puffer und der Zughaken sitzen am Pufferträger. Außerdem sind am Pufferträger noch Handstangen und eventuell die Signallaternen befestigt.

Foto: Dirk Endisch

Vergasung von Gasöl (Vorstufe des Dieselkraftstoffs) oder Braunkohlenteeröl gewonnen. Ölgas besaß eine größere Leuchtkraft und griff Eisenteile weniger stark an. Die Gasbeleuchtung bestand aus dem 300 Liter großen Behälter, an dessen Boden ein Sicherheitsventil saß, einem Druckregler, dem Haupthahn, den Leitungen, den beiden Füllventilen und einem Druckmesser. Der Gasvorrat reichte für 60 Stunden.

7.3 Sandstreuer, Tacho und Pfeife

Bei feuchten Schienen reichte die Reibung zwischen Rad und Schiene oft nicht aus, um die notwendigen Zugkräfte zu erzeugen. Daher wurden Dampfloks schon recht früh mit einem Sandstreuer ausgerüstet. Der Vorratsbehälter, der Sandkasten, saß auf dem Langkessel. Sandfallrohre führten links und rechts des Kessels zu den Kuppelachsen. Die ersten Sandstreuer bedienten die Lokführer über

Gestänge. Mit der Einführung der Druckluftbremse entwickelte die Firma Knorr auch einen Druckluft-Sandstreuer. Dieser hatte eine Düse, der vom Hauptluftbehälter über ein Ventil im Führerstand Druckluft aus dem Hauptluftbehälter zugeführt wurde. Der Sand rieselte in die Streudüse, wurde dort von der Druckluft aufgewühlt und in die Streudüse

Schlepptenderloks führen ihre Vorräte in einem eigenen Fahrzeug mit. Die Einheitstender der Bauart 2´2´T26 wurden mit einer Schutzwand ausgerüstet, da die Baureihe 50 auch für häufige Rückwärtsfahrten vorgesehen war. Im Juni 2003 war die 50 3636 Tender voran auf der Strohgäubahn bei Münchingen unterwegs. Foto: Dirk Endisch

gedrückt. Das Ventil besaß drei Stellungen; in den beiden Betriebsstellungen wurde entweder stark oder schwach gesandet.

Die von der DRG verwendete Sandstreudüse der Bauart Borsig, die auch als »Regelbauart« bezeichnet wurde, hatte die Form einer Treppe. Dort wurde der Sand durch einen Luftstrahl aufgewirbelt und durch einen zweiten in das Sandfallrohr geblasen. Der Sandstreuer der Bauart Borsig besaß ebenfalls zwei Betriebsstellungen.

Zur Verbesserung des Bogenlaufs wurden einige Maschinen mit einer Spurkranzschmierung ausgerüstet, denn bei der Fahrt durch Kurven liefen die Radreifen der vorauslaufenden Laufachse und der folgende Kuppelachse an der Außenschiene an und nutzten sich dabei sehr schnell ab. Die DRG rüstete bereits in den 1930er-Jahren einige Loks mit einer so genannten Radreifen-Nässeinrichtung aus. Diese bestand im Wesentlichen aus einer kleinen Dampfstrahlpumpe, die Wasser auf die Radreifen sprühte. Bundes- und Reichsbahn nutzten später Fettschmierungen, die sich deutlich besser bewährten, da das Fett auf die Spurkränze gespritzt wurde und dann auf der Innenseite des Schienenkopfes und am Spurkranz haften blieb.

Die Ausrüstung einer Dampflok mit einem Geschwindigkeitsmesser ist erst seit Mitte der 1920er-Jahre selbstverständlich. So war noch im Jahr 1927 in dem Buch »Die Lokomotive, ihr Bau und ihre Behandlung, Leitfaden für Lokomotivführeranwärter«, dem damaligen Standardwerk für Lokführer, zu lesen: »*Obwohl die Lokomotivführer die Geschwindigkeit, mit der sie fahren, im allgemeinen im Gefühl haben, so können doch in besonderen Fällen selbst erfahrene, ältere Führer leicht zu einer unbewußten und gefährlichen Überschreitung der zulässigen Höchstgeschwindigkeit geführt werden (…). Der Lokomotivführer kann mit einem Geschwindigkeitsmesser die vorgeschriebene Geschwindigkeit genau innehalten (…). Er wird nicht durch anderweitige Geschwindigkeitsfeststellungen (etwa*

mit der Taschenuhr) von dem Beobachten der Signale abgelenkt.« Die von der DRG verwendeten Geschwindigkeitsmesser der Bauart Deuta bestanden im Wesentlichen aus einem Magnet, zwischen dessen Polen ein Anker aus Aluminium lag. Auf der Ankerwelle saß die Tacho-Nadel; eine Spiralfeder hielt den Anker in seiner Ruhelage. Der Magnet wurde durch eine flexible Drahtwelle von einer

Kuppelachse angetrieben. Je schneller sich die Achse drehte, desto schneller bewegte sich auch der Magnet und der Anker versuchte sich mitzudrehen, wobei er die Feder spannte. Die Tacho-Nadel zeigte nun auf der Skala die Geschwindigkeit an. Die zulässige Höchstgeschwindigkeit musste auf der Skala mit einem roten Farbstrich markiert werden.

Nach der EBO mussten Dampfloks auch mit einer Pfeife ausgerüstet werden. Jede Dampfpfeife funktionierte nach dem gleichen Prinzip und bestand im Wesentlichen aus den gleichen Bauteilen. Der Pfeifton entstand, wenn Dampf aus einem Ringspalt entwich und gegen eine scharfe Kante einer Glocke strömte. Diese Glocke begann zu schwingen und erzeugte so den Pfeifton. Die Dampfpfeife bestand deshalb aus der Glocke und dem Pfeifenuntersatz, in dem das Ventil saß, welches der Lokführer vom Führerstand aus betätigte. Die bekannte Dampfpfeife der Einheitsbauart konnte einen lauten Vollton und einen schwachen Halbton (z. B. für Bahnhofssignale) erzeugen. Dazu saß in dem Hauptventil ein kleines Zusatzventil, das nur eine kleine Dampfmenge entweichen ließ.

Neben der Dampfpfeife besaßen zahlreiche Dampfloks, die zumeist auf Neben- und Schmalspurbahnen im Einsatz waren, ein Läutewerk. In Deutschland wurden meist das Dampfläutwerk der Bauart Latowski und das Druckluftläutwerk der Bauart Knorr verwendet.

Als die DRG Ende der 1920er-Jahre begann, ein Schnellverkehrsnetz in Deutschland aufzubauen, stand auch die Einführung einer automatischen Zugüberwachung zur Debatte. Nach gründlichen Untersuchungen entschied sich die DRG schließlich für die Induktive Zugsicherung (Indusi), mit der aber nur Schnellzugloks ausgerüstet wurden. Die Indusi bestand aus einem Gleismagnet, der entsprechend dem Signalbild wirksam oder kurzgeschlossen war, und dem Fahrzeugteil. Dieses setzte sich aus dem Gleismagneten und dem Dreifrequenzgenerator zusammen, dessen Steuerteil mit der Druckluftbremse verbunden war. Überfuhr der Lokführer ein Halt zeigendes Signal, löste die Indusi sofort eine Zwangsbremsung aus.

7.4 Vorratsbehälter für Wasser und Kohle

Die Wasser- und Kohlenvorräte wurden entweder in einem speziellen, meist antriebslosen Fahrzeug, dem Schlepptender, oder in eigenen Behältern auf der Maschine mitgeführt. Der Schlepptender bestand im Wesentlichen aus den Vorratsbehältern, dem Rahmen und dem Laufwerk. Die Wasserkästen hatten, außer bei den Wannentendern, ebene Wände und waren aus 6 mm starken Blechen gefertigt. Winkel- und T-Eisen versteiften den Wasserkasten. Die Decke bildete gleichzeitig den Boden des Kohlekastens. Die Querfachwerke und Querwände, die gleichzeitig als Schwallbleche dienten, übertrugen die vom Kohlenkasten ausgehende Last auf den Rahmen. Je nach Bauart waren die Tender mit Drehgestellen, festgelagerten Achsen oder mit einem Drehgestell und zwei oder drei festgelagerten Achsen ausgerüstet.

Ein Sonderrolle nahmen die Wannentender ein. Die auch als Leichtbautender bezeichneten Fahrzeuge bestanden aus einem oben abgeflachten Zylinder. Die aus 8 mm starken Blechen gefertigten Tender wurden vorn und hinten durch ein gewölbtes Blech verschlossen. Die in der Herstellung sehr preiswerten Tender, die auch ein großes Fassungsvermögen besaßen, hatten jedoch einen Nachteil: Aufgrund des fehlenden Rahmens verdrehten sich die Tenderwannen durch die Zuglasten im Laufe der Jahre. So musste die DR in der DDR in den 1960er-Jahren zahlreiche neue Tenderwannen beschaffen.

Hinten oder an den Seiten befanden sich die Wassereinläufe, die durch Deckel, die das Personal mit Hilfe eines Gestänges entweder vom Boden oder vom Führerstand aus betätigte, verschlossen wurden. Ein Sieb im Einlauf hielt Verunreinigungen zurück. Die Einheitstender besaßen neben den Haupteinläufen (3.000 mm über Schienenoberkante) noch zwei kleine Noteinläufe (2.750 mm über Schienenoberkante). Schlepptender besaßen

Einige Tenderloks, wie die Lok 11 der GES Stuttgart, besaßen Wasserkästen, die am vorderen Ende abgeschrägt waren. Damit wollte man dem Personal die Streckenbeobachtung erleichtern. Foto: Dirk Endisch

weiterhin zwei Saugleitungen, die mit den Strahlpumpen bzw. der Strahl- und der Kolbenspeisepumpe der Lok verbunden waren. Die Saugleitungen begannen in den Saugkästen am Tenderboden. Ein Wasserstandsanzeiger und ein Ablassventil am Tenderboden gehörten außerdem zur Ausrüstung des Wasserkastens.

Auf dem Wasserkasten saß der Kohlekasten, dessen Seitenwände meist durch Streben verstärkt wurden. Zum Führerstand hin wurde der Kohlekasten entweder durch Schleusentüren oder eingesteckte Schutzbretter abgeschlossen. Weiterhin besaß der Tender abschließbare Kästen und Schränke für Werkzeuge, Ölkannen, Ersatzteile und die persönlichen Gegenstände des Personals. Einige Tender waren unterhalb des Kohlenkastens mit einem so genannten Schürgeräterohr ausgerüstet. So gelangte der Heizer einfacher und schneller an die benötigten Arbeitsgeräte. Fehlte dieses Rohr, dann mussten die Schürgeräte entweder an Haken an der linken Außenwand des Kohlenkasten oder bei Tenderlokomotiven auf dem linken Wasserkasten abgelegt werden.

Bei Tenderlokomotiven saßen die Wasserkästen meist links und rechts neben dem Steh- und Langkessel. Unterhalb des Kohlekastens befand sich bei vielen Maschinen eine weitere Zisterne, die mit den anderen beiden durch Rohre verbunden war. Bei einigen Baureihen lag der Wasserkasten unterhalb des Stehkessels oder wurde zwischen die Rahmenwangen gehängt. Der Brennstoff lagerte bei Tendermaschinen entweder im Kohlekasten hinter dem Führerhaus oder links vor dem Führerhaus.

8. ÖLKANNE, SCHIPPE UND HAMMER:

Eine Heizerschicht auf der Dampflok

Am 29. März 2003 rangierte die 99 6001 mit der kalten 99 238 in Gernrode. Die 1´E1´-Lok diente als Betriebsreserve.

Foto: Dirk Endisch

99 7238-1

Am Samstag, den 3. August 1991, steht für mich »Tag 4, Plan 5« auf dem Diensteinteiler des Bw Wernigerode Westerntor, Einsatzstelle (Est) Gernrode. Die Schicht gehört mit zu den längsten im Bereich der Harzer Schmalspurbahnen, sie beginnt um 10 Uhr und endet genau elf Stunden später.

Gegen 9.30 Uhr öffne ich meinen Spind im Umkleideraum. Die leichten Sommersachen tausche ich gegen eine dunkle Arbeitshose, ein Unterhemd, eine langärmeliges Arbeitshemd, dicke Strümpfe und die vorgeschriebenen, recht schweren Arbeitsschuhe. Die für Heizer und Dampflokführer obligatorische Ledermütze, eine langärmelige Arbeitsjacke und die Arbeitsschutzhandschuhe lege ich auf die alte Aktentasche, in der neben der Verpflegung noch einige dienstliche Unterlagen und private Dinge verstaut sind. Nach dem Umkleiden sehe die im Vorraum das Befehlsbuch sowie die Betriebs- und Bauanweisung (Betra) ein, doch da hat sich nichts verändert. Inzwischen ist auch mein Lokführer da. Mit einem kräftigen Handschlag begrüßen wir uns.

Ein lang gezogener Pfiff kündigt die Ankunft des N 14452 aus Harzgerode an. Pünktlich um 9.39 Uhr kommt die 99 7237 zum Stehen. Weil heute Wochenende ist und einer der Kollegen pünktlich Feierabend machen will, lösen wir ausnahmsweise am Bahnsteig ab. Der Personalwechsel ist schnell beendet, besondere Vorkommnisse gibt es nicht zu vermelden.

Wie es die Dienstvorschrift verlangt, werfe ich als Erstes einen Blick auf die beiden sichtbaren Wasserstände. Der Kessel ist mehr als halb voll – bestens. Auch das Feuer liegt, wie es sich gehört: ein hellbrennender Ring an den Wänden und eine freie Rostmitte. Dabei kontrolliere ich auch gleich den Schmelzpfropfen in der Decke der Feuerbüchse. Er ist dicht, wäre er undicht, müssten wir die Lok sofort abstellen.

Die Aktentasche und die Arbeitsjacke hängen inzwischen an einem Haken an der Führerhausrückwand. Die Handschuhe lege ich griffbereit auf den Grützner-Öler. Die Dienstmütze findet ihren Platz auf dem Handrad der Dampfheizung, denn inzwischen herrschen draußen sommerliche Temperaturen und die Uhr zeigt noch nicht einmal 10 Uhr. Inzwischen haben alle Fahrgäste den Zug verlassen und der Zugführer gibt das Signal zum Vorziehen in die Abstellgruppe. Mit einem kurzen Pfiff

Die großen 1´E1´ h2-Maschinen der Baureihe 99[23–24] bilden das Rückgrat in der Zugförderung auf den Strecken der Harzer Schmalspurbahnen GmbH. Mit einer Leistung von rund 700 PS gehören sie zu den stärksten Schmalspur-Dampfloks Deutschlands. Im Sommer 2003 stand im Bw Wernigerode die 99 241.

Foto: Dirk Endisch

Die Einsatzstelle Gernrode setzte zwischen 1987 und 1997 planmäßig die Baureihe 99$^{23-24}$ ein. Heute kommen die Boliden nur noch im Ausnahmefall hierher. So bestimmten im Juni 2003 die 99 5906 und Triebwagen 198 011 das Bild in Gernrode. Foto: Dirk Endisch

quittiert mein Meister den Rangierauftrag. Beim Öffnen des Regler ertönt das charakteristische »Klack« mit dem sich die Schieberkörper der Trofimoff-Schieber schließen. Nach wenigen Auspuffschlägen schließt der Lokführer den Regler wieder und wir rollen durch die Weichenstraße zum Abstellgleis. Kaum steht die Fuhre, greife ich mir meine Handschuhe und kupple die Maschine vom Zug ab. Die Reihenfolge ist dabei genau vorgeschrieben: Im Winter wird zuerst die Heizkupplung gelöst, anschließend sind die Bremsschläuche zu trennen, wobei die Luftleitung des Zuges zu entleeren ist. Erst zum Schluss wird die Schraubenkupplung zwischen Lok und Zug gelöst.

Danach rücken wir mit unserer 99 7237 vor zum Kohlelager. Da ein Betriebsarbeiter, der das Restaurieren der Lokomotiven übernimmt, nur noch montags bis freitags vorgesehen ist, müssen wir die Maschinen allein behandeln. Da mein Lokführer den zum Bekohlen vorhandenen Raupendrehkran bewegen darf, obliegt ihm das Laden des Brennstoffs. Ich greife mir Ölkanne, Ölspritze und den so genannten Stangenschlüssel, der zum Öffnen der Verschraubungen auf den Ölgefäßen dient, kontrolliere die Ölvorräte der Stangenlager und prüfe die Gangbarkeit der Ölnadeln. Ich brauche aber nur die großen vorderen und hinteren Lager der Treibstange mit neuem Mineralöl, dem so ge-

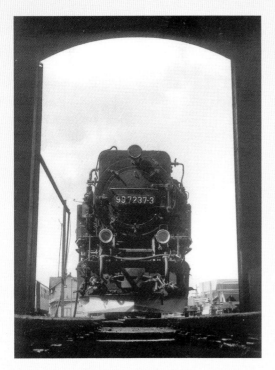

Vor dem Lokschuppen in Gernrode stand im August 1991 die 99 237, die gerade für den nächsten Einsatz vorbereitet wird. Foto: Dirk Endisch

nannten Achsenöl, zu versorgen, da die 99 7237 heute nur einmal nach Harzgerode und zurück (insgesamt rund 36 km) gefahren ist. So ist das Abölen heute Morgen innerhalb weniger Minuten erledigt, auch das Kohlenehmen geht schnell.

In Schrittgeschwindigkeit fahren wir vor zum Lokschuppen der Est Gernrode. Das Stellen der ortsbedienten Weichen ist dabei Aufgabe des Heizers. Kaum steht die Lok auf dem Kanal, hänge ich den Schlauch in den Wasserkasten und öffne das Ventil. Als das Wasser läuft, erklimme ich den Wasserkasten und schütte einen großen Becher Soda zum Enthärten des Wassers in die Zisterne. Anschließend kippe ich noch einen kleinen Becher mit Skiantan hinterher. Das bräunliche Pulver soll das Aufschäumen des Wassers und damit das Überreißen – oft auch als »Speien« oder »Kotzen« bezeichnet – verhindern.

Währenddessen prüft der Lokführer mit Taschenlampe und Hammer in die Untersuchungsgrube, ob noch alle Teile vorhanden sind, die an die 99 7237 gehören. Mit dem Hammer klopft er den Rahmen, das Fahrwerk und die Stangen zusammen mit allen ihren Schrauben, Bolzen und Splinten ab und vergewissert sich, ob sie fest sitzen und nicht gerissen oder gebrochen sind. Das hört er am Klang. Außerdem müssen wir noch die Funktionsfähigkeit der Speisepumpen, der Zylinderentwässerungsventile und des Sandstreuers kontrollieren. Dass die Luftpumpe und die Lichtmaschine funktionieren, wissen wir schon, sie sind ja in Betrieb. Da die 99 7237 heute schon im Einsatz war, können wir uns auch das »Durchkurbeln« der Ölpressen an der Luft- und Speisepumpe sowie der Grützner-Pumpe für die unter Dampf gehenden Teile sparen. Das gehört sonst zu den Aufgaben des Heizers, wenn die Lok zu Schichtbeginn noch im Schuppen steht.

Auch die Kontrolle der Werkzeuge, Ersatzteile und Vorräte an Öl, Sand und Putzwolle ist reine Formsache, da unsere Kollegen am Morgen die Lok bestens aufgerüstet haben.

Nachdem mein Meister den Kanal verlassen hat, werfen wir einen Blick in die Rauchkammer. Es liegt nur wenige Flugasche in der Rauchkammer, sodass wir uns das Löscheziehen heut' Vormittag sparen können. Dabei prüfen wir auch den Funkenfänger und das Prallblech, denn wir wollen ja nicht die Wälder des Harzes in Brand setzen.

Zum Schluss öffne ich die beiden Bodenklappen des Aschkastens. Zischend fällt die Schlacke in den Kanal. Das richtige Entschlacken ist erst heute Abend fällig. Was ich aber noch unbedingt mache: Ich spritze den Aschkasten aus. Dazu öffne ich die hintere Luftklappe, zwänge mich mit einem Wasserschlauch in der Hand zwischen fünfte Kuppelachse und Führerhausboden und entferne die Schlackenreste im Aschkasten. Eine schmutzige Angelegenheit, spätestens jetzt ist jeder Heizer dreckig!

Inzwischen ist es 10.10 Uhr. Der Zugführer wartet schon auf uns. Mit Rangiergeschwindigkeit rollen wir zu unserem Zug. Mit Fingerspitzengefühl setzt der Meister die 99 7237 an den Zug. Für das Kuppeln – nun in der Reihenfolge Schraubenkupplung, Bremse und Heizung (bei Bedarf) – sind der Zugführer und ich verantwortlich. Während der Lokführer die Bremsprobe vornimmt, stelle ich den Bläser an, öffne die vordere Luftklappe und beginne, mein Feuer für die Abfahrt vorzubereiten. Das Feuer auf dem Rost soll wie die Schippe aussehen: vorne und in der Mitte flach und an den Wänden hoch. Zuerst wird die vordere Rohwand mit einigen Schaufeln Brennstoff bedeckt, dann die Seitenwände und zum Schluss die Rückwand. Die hinteren beiden Ecke erhalten noch jeweils zwei Schippen mehr. Die Rostmitte streue ich nur kurz ab. Erst kurz vor der Abfahrt wird sie geschlossen, da hier die größte Wärmeentwicklung stattfindet. Natürlich schippe ich ohne Handschuhe, so wie mein Lokführer ohne Handschuhe den Regler und die Steuerung betätigt. Handschuhe werden nur getragen, wenn es wirklich heiß wird. Wie sagte einmal einer meiner Lehrlokführer: »Handschuh-Personale sind entweder nur zu faul, ihre Maschine sauber zu halten oder sie sind sich zu fein für die Dampflok!« Dicke Qualmwolken drängen sich aus dem Schornstein. Der Zeiger auf dem Kesseldruckmanometer, einige bezeichnen es auch als »Heizerwächter«, nähert sich dem 13 kp/cm^2. Wir haben aber noch etwas Zeit bis zur Abfahrt.

Nach der Bremsprobe ziehen wir vor zum Bahnsteig. Bei Rangierfahrten ist das Beschicken des Feuers aus Sicherheitsgründen verboten. Lokführer und Heizer sollen die Strecke aufmerksam beobachten. Das ist heute auch notwendig, denn auf dem Bahnsteig warten schon viele Touristen und Wanderer auf den Zug. Am Bahnsteig angekommen, muss ich die Strahlpumpe öffnen, da die beiden Sicherheitsventile der Bauart Ackermann langsam anfangen zu brummen. Jetzt ist es Zeit, langsam die Fahrpumpe, die richtig »Einfachwirkende Mischvorwärmer-Pumpe (EMP) 7,5-20« heißt, anzustellen. Zuerst belüfte ich dazu die Pumpe. Hat die Luft das Wasser aus dem Stoß-

Warten auf das Abfahrsignal: Aus dem Schornstein der 99 237 quillt der Rauch und die Sicherheitsventile brummen bereits. Foto: Archiv Dirk Endisch

dämpfer verdrängt, öffne ich das Anstellventil kurz und schließe es dann wieder. Läuft die Pumpe ohne lautes Nebengeräusch, kann man sie entsprechend der notwendigen Förderleistung einstellen.

Bis zur Abfahrt sind es nur noch wenige Minuten: Nun lege ich noch einmal ein paar Schippen Steinkohle nach, wobei nun auch die Mitte des Rostes bedeckt wird. Das Resultat sieht und hört man: Der Zeiger des Kesseldruckmanometers steht kurz vor dem roten Strich, bei der 99 7237 also kurz vor 14 kp/cm^2. Der Wasserstand im Kessel pendelt bei der Hälfte, für unsere 99 7237 geradezu ideal. Einen höheren Wasserstand bestraft sie mitunter bei der Bergfahrt mit Wasserreißen. Da wir die Marotten der Maschine kennen, wärmt der Lokführer die Zylinder noch einmal gründlich vor. Er legt dazu die Bremse an und öffnet die Zylinder-

Von Sternhaus-Ramberg bis Mägdesprung kann sich der Lokheizer erholen, denn hier geht es nur bergab. Am 29. Juli 2001 rollte 99 6102 zu Tal. Foto: Dirk Endisch

entwässerungsventile. Anschließend öffnet er den Regler und schon entweicht der Dampf zischend aus den Entwässerungsventilen. Mehrmals wird nun die Steuerung vor- und zurückgedreht. So wird das Kondenswasser aus den Zylindern entfernt, wobei gleichzeitig die Zylinder erwärmt werden.

Bis zur Abfahrt sind es jetzt nur noch wenige Augenblicke. Der Aufsichter steht inzwischen auf dem Bahnsteig. Genau um 10.25 Uhr erteilt er uns mit dem Befehlsstab das Signal zur Abfahrt. Mit einem Handzeichen quittiere ich den Befehl und rufen meinem Meister »Abfahren!«, zu. Nach einem kurzen Pfiff setzt sich 99 7237 mit dem N 14463 nach Stiege langsam in Bewegung. Laut bimmelnd überqueren wir den Bahnübergang hinter den Bahnhof. Erst jetzt öffnet der Lokführer den Regler weiter und dreht die Steuerung lang-

sam zurück. Wie es im Lehrbuch steht – kleinste mögliche Füllung bei höchst möglichem Schieberkastendruck – erklimmt die 99 7237 die ersten Steigungen. Der Zeiger des Manometers steht wie angenagelt vor dem roten Strich. Hinter dem Bedarfshaltepunkt Osterteich greife ich zur Schippe und beschicke das Feuer, das von vorne nach hinten abgestreut wird. Die beiden hinteren Ecken und die Mitte, die schon recht weit runtergebrannt sind, wie ich unschwer an den deutlich helleren Flammen erkennen kann, bekommen eine Extraration Kohle. Während des Schippens »klappert« der Lokführer, das heißt, zwischen den einzelnen Schippen schließt er mit der linken Hand immer wieder die Feuertür, damit nicht unnötig kalte Luft in die Feuerbüchse gelangt. Aus dem Schornstein qualmt es nur kurz. Ein Blick auf Manometer und

Wasserstand – alles in bester Ordnung. Also wird jetzt wieder die Strecke beobachtet. Mit 20 bis 25 km/h und lauten Auspuffschlägen zuckeln wir durch das Rambergmassiv. Die fünf Wagen am Zughaken sind für die rund 700 PS starke Lok ein Klacks. Entsprechend ist auch ihr »Appetit«, der sich dank der guten Steinkohle und der perfekten Fahrtechnik meines Meisters in Grenzen hält. Er fährt zwar zügig aber heizerfreundlich. Er könnte ja auch mit vollausgelegter Steuerung und weit geöffneten Regler den Berg hinaufbrettern. Das würde zwar die Fans erfreuen, doch hieße es für mich mehr Arbeit sowie mehr Verbrauch an Kohle und Wasser.

Da das Feuer sehr gut liegt, brauche ich es nur kurz abzustreuen. Acht Schippen reichen völlig und die beiden Ackermänner säuseln vor sich hin. Am Kilometer 5,3 zieht der Meister den Regler ein und bremst die Fuhre auf 10 km/h herab, denn nun folgt gleich der Bedarfshaltepunkt Sternhaus-Haferfeld und dahinter der vielbefahrene Bahnübergang. Die Streckenbeobachtung hat nun absoluten Vorrang. »Keiner da!«, melde ich dem Mann am Regler, der nun von der Dampfpfeife reichlich Gebrauch macht. Kaum haben wir den Bahnübergang erreicht, verschreibe ich der 99 7237 wieder

einige Schaufeln Steinkohle, denn auf der 1:25-Steigung nach Sternhaus-Ramberg, muss sie zeigen, was in ihr steckt. Die Bergfahrt wird dabei gleich zum »Rohreblasen« genutzt.

Der Lokführer legt nun die Steuerung ganz aus, was unsere Lok mit lauten Auspuffschlägen quittiert. Dank des jetzt deutlich größeren Saugzuges werden die Schlacke- und Rußteilchen, die sich in den Heiz- und Rauchrohren abgesetzt hatten, mitgerissen. Ein pechschwarzes Rauchwolke schießt aus der Esse. Wenn besonders viele Rückstände in den Rohren liegen, gibt es noch ein einfaches aber effektives »Reinigungsmittel« – Sand: Über das durchgebrannte und hell lodernde Feuer verteilt der Heizer eine große Schippe mit feinem Sand. Durch die Hitze schmilzt der Sand zu Glas, das wiederum die Ablagerungen mitreißt. Da darf aber niemand auf den offenen Bühnen der Personenwagen stehen. Wir verzichten diesmal darauf. »So, nun sind die Bronchien wieder frei!«, höre ich von der rechten Seite, während der Meister Regler und Steuerung wieder einzieht, denn nach nur sechs Minuten haben wir pünktlich um 10.50 Uhr Sternhaus-Ramberg erreicht.

Eine paar Wanderer verlassen den Zug und schon geht es weiter. Der Lokführer öffnet nur kurz den

In Alexisbad werden die Wasservorräte ergänzt. Im August 1990 löschte die 99 237 hier ihren Durst. Foto: Dirk Endisch

Der Aufenthalt in Alexisbad reichte im August 1991 sogar für ein Erinnerungsfoto. Auch bei hochsommerlicher Temperaturen muss man auf der Dampflok feste Schuhe und lange Arbeitshosen tragen.
Foto: Archiv Dirk Endisch

se wird das eben noch sehr heiße Metall gleich von zwei Seiten beansprucht, was zu Spannungen im Werkstoff und zu einem höheren Verschleiß führt. Und trotzdem machen es einige Personale immer wieder!

Die rund zehn Minuten bis Mägdesprung nutze ich für ein zweites Frühstück. Der Mann auf der rechten Seiten muss sich jetzt voll konzentrieren. Mit dem Führerbremsventil hält er die im Buchfahrplan vorgeschriebene Geschwindigkeit und so schlängeln wir uns mit gut 20 km/h hinunter nach Mägdesprung. Die beiden (noch) unbeschrankten Bahnübergänge mit der B 185 verlangen unsere volle Aufmerksamkeit, denn es gibt immer wieder einige Autofahrer, die glauben, dass sie schneller sind als unsere Bimmelbahn.

Eine Minute vor Plan stehen wir in Mägdesprung. Während mein Lokführer nun die Zuglaufmeldung absetzt, baue ich mein Feuer für die Fahrt nach Alexisbad auf: Luftklappe auf, Bläser weiter auf und schon knirscht die Schaufel in der Kohle. Nach wenige Augenblicken entweichen aus dem Schornstein wieder dicke Rauchwolken und die Sicherheitsventile fangen erneut an zu säuseln. Rechtzeitig gibt der Zugführer das Abfahrsignal und mit verhaltenen Auspuffschlägen verlassen wir Mägdesprung. Den Felsdurchbruch am Ortsteil Blechhammer passieren wir mit 10 km/h. Erst kurz vor dem Bedarfshaltepunkt Drahtzug geht es wieder zur Sache, sodass ich das Feuer immer wieder kurz abstreuen muss. Ohne Probleme errei-

Regler – wir rollen hinab in das Selketal. Das ist jetzt die »Heizer-Erholungsstrecke«, denn das erste schwere Stück Arbeit ist geschafft. Die Luftklappe ist geschlossen und der Bläser säuselt leise vor sich hin. Ich habe ihn so klein eingestellt, dass keine Abgase aus der Feuertür in den Führerstand dringen. Das Feuer ist gut runtergebrannt und der Ring auf dem Rost reicht für die Talfahrt. Ab und an muss ich die Strahlpumpe ansetzten, damit die Sicherheitsventile nicht ansprechen. Für die Nutzung der Strahlpumpe während der Fahrt gibt es eine kleine Faustregel: Man sollte den Druck immer nur um ein kp/cm^2 reduzieren. Dabei muss die Feuertür geschlossen sein. Die Unsitte, die Strahlpumpe laufen zu lassen und die Feuertür aufzumachen, damit die Dampferzeugung zurückgeht, ist für die Feuerbüchse »Gift«. Denn auf diese Wei-

Die Loks der Baureihe 99²³⁻²⁴ besitzen einen Mischvorwärmer. Der klobige Mischkasten gibt den Maschinen ein unverwechselbares Aussehen. Die Mischvorwärmer-Pumpe ist links direkt neben der Rauchkammer angebracht. Ihre Bedienung verlangt viel Fingerspitzengefühl. Foto: Dirk Endisch

chen wir Alexisbad. Vorsichtig fahren wir in den Bahnhof ein, denn auf dem Bahnsteig herrscht dichtes Gedränge. Exakt an der H-Tafel bleibt der Zug stehen. Schon kuppeln der Zugführer und ich die Lok ab, denn die 99 7237 hat »Durst«, und den können wir nur am Wasserkran an der Bahnhofsausfahrt stillen. Das muss recht schnell gehen, weil wir laut Fahrplan dafür nur sieben Minuten Zeit haben.

Mit einem Pfiff setzt sich die 99 7237 in Bewegung und wenige Augenblicke später stehen wir

In Harzgerode endet die Stichstrecke aus Alexisbad. Im Frühjahr 1991 wartete **99 236 auf die Rückfahrt.**
Foto: Dirk Endisch

am Wasserkran. Während mein Meister den Ausleger umschwenkt und das Ventil öffnet, entere ich wie schon zuvor in Gernrode auf den Wasserkasten und kippe Soda und Skiantan, von uns als »Weißes« und »Braunes« bezeichnet, in die Zisterne.

Den Wasserhalt nutzt der Lokführer zur Kontrolle der Lager. Ich hingegen kümmere mich um mein Feuer. Dank der sehr guten Steinkohle, die leicht anbrennt, gute Wärme liefert und kaum schlackt, erwarten mich beim Blick in die Feuerkiste keine bösen Überraschungen. Das ist nicht immer so, denn die letzte Lieferung machte zum Beispiel dünne aber feste Schlacke. Da konnte es passieren, dass man schon in Alexisbad mit dem Einzahn das Feuer »durchrühren« musste. Doch heute ist alles bestens und ich werfe schon einmal ein paar Kohlen auf. Inzwischen hat auch unsere 99 7237 ihren Durst gelöscht. Ich schließe das Ventil, schwenke den Ausleger zurück und klappe mit dem Haken den Deckel zu. Ein Pfiff ertönt und wir rollen langsam an den Bahnsteig zurück.

Nach dem Kuppeln bekommt die 99 7237 wieder Futter. Doch diesmal lasse ich nach dem Beschicken die Feuertür einen kleinen Spalt offen stehen, damit zusätzliche Verbrennungsluft in die Feuerbüchse gelangt. Warum? Ganz einfach: Dann qualmt es nicht so stark. Es gibt nämlich Kollegen, die mussten wegen zu starker Qualmentwicklung, von der sich Gäste benachbarter Hotels gestört fühlten und prompt beschwerten, schon 'mal eine so genannte »Dienstliche Äußerung« schreiben. Ein Eisenbahner brachte es dabei auf den Punkt: »Feuern ohne Qualm geht nicht.« Trotzdem sind die Personale gehalten, die Rauchbelästigung so gering wie möglich zu halten. Wir richten uns danach ...

Bevor es wieder los geht, erkundigt sich der Fahrdienstleiter, ob wir nachher Mittagessen wollen. Da das heutige Angebot der Bahnhofsgaststätte sehr gut ist und wir noch genug Essenbons haben, entscheiden wir uns für Schweinegulasch mit böhmischen Semmelknödeln. Mit gut zwei Minuten

Verspätung setzten wir schließlich unsere Fahrt fort. Die paar Minuten bereiten uns jedoch kein Kopfzerbrechen. Unsere 99 7237 holt das spielend wieder ein, zumal der Fahrplan genug »Luft« hat. Bereits in Straßberg sind wir wieder eine Minute vor Plan.

Nun packe ich noch einmal die Feuerkiste der Maschine richtig voll, denn hinter Straßberg beginnt die »Rennstrecke«, auf der in einigen längeren Abschnitten die zulässigen 40 km/h richtig ausgefahren werden. Und ich kenne meinen Meister, das nutzt er gerne. Ab Kilometer 23,0 läuft die 99 7237, was die Räder hergeben. Doch nun offenbaren sich auch die Mängel einer Zweizylinder-Dampflok: Auf dem Führerstand bebt und vibriert es aufgrund der für die Zweizylinderloks typischen Zuckbewegungen kräftig. Kein Wunder also, dass viele ältere Dampflok-Personale mit chronischen Rückenschmerzen zu kämpfen haben. Die Zugluft tut zu allen Jahreszeiten ein Übriges. Der Spruch: »Auf der Dampflok ist es im Winter kalt und im Sommer heiß!«, kommt nicht von ungefähr. Auch wir wissen davon ein Lied zu singen, denn draußen herrschen inzwischen hochsommerliche Temperaturen. Wenn die Feuertür bei voller Tür auffliegt, haben wir Sauna-Temperaturen. Aber daran gewöhnt man sich. Lästig ist jedoch der Kohlenstaub. Zwar nässe ich die Kohle regelmäßig mit dem Spritzschlauch, doch mit mäßigem Erfolg.

Güntersberge erreichen wir exakt um 12.08 Uhr. Mit flotten 30 km/h fahren wir am Mühlenteich entlang. Der Badesee ist heute gut besucht ...

Ich hingegen lege wieder nach, denn die »Rennstrecke« ist noch lange nicht zu Ende. Mit kurzer Steuerung und spitzen Schieberkastendruck eilt die 99 7237 durch das Selketal. Dabei enttäuscht sie uns nicht, Wasserstand und Dampfdruck machen keinerlei Probleme. Etwas vor Plan laufen wir in Stiege ein. Auf dem Nachbargleis steht bereits der N 14414, den die Kollegen aus Hasselfelde bespannen. Nach einer kurzen Begrüßung kuppeln wir ab und setzen um. Die paar Minuten

In Gernrode werden die Loks mit Hilfe eines Raupendrehkranes bekohlt. Am 29. März 2003 erhielt die 99 6001 frischen Brennstoff. Foto: Dirk Endisch

bis zur Rückfahrt nutzen wir zur Lokpflege. Zwar hat die Deutsche Reichsbahn Ende 1990 das so genannten Titularsystem, bei dem Loks fest mit Planpersonalen besetzt werden, abgeschafft, doch im Bereich des Bw Wernigerode Westerntor wird das nicht so rigide gehandhabt wie bei der Regelspur. Noch immer fahren die Personale mit »ihrer« Lok, wissen um deren Stärken und Schwächen und kümmern sich auch um sie. Dazu gehört natürlich auch der Lokputz, für den die Kollegen auf der Regelspur kaum noch Zeit und vielleicht auch

Durch das Selketal rumpelt am 29. Juli 2001 die 99 6102. In wenigen Minuten wird die Lok den Bahnhof Alexisbad erreicht haben. Foto: Dirk Endisch

Der Zugführer sicherte im August 1990 im Bahnhof Alexisbad die Rangierfahrt der 99 237 zum Wasserkran. Foto: Dirk Endisch

keine Lust haben. Irgendwie verständlich, ich würde ja auch nicht anderer Leute Auto waschen.

So greife ich mir einen ölgetränkten Putzlumpen und wische die Wasserkästen und den Tender ab. Den Lumpen lege ich dabei über den Besen. So sind die großen, ebenen Flächen schneller blank. Anschließend reibe ich die Rauchkammer ab. Mein Meister nimmt sich hingegen des Kessels und der »Laube«, also des Führerhauses, an. So vergeht die Wendezeit recht schnell. Zwar verlassen wir Steige nicht genau um 12.35 Uhr, doch vor uns liegt ja wieder die »Rennstrecke«. Außerdem wartet das Gulasch auf uns in Alexisbad!

Mit wirbelnden Stangen eilt 99 7237 vor dem N 14464 durch das Selketal. Bis Alexisbad gelingt es uns ohne große Mühen gut zwei Minuten Fahrzeit zu gewinnen. Bestens, da haben wir mehr

Zeit zum Wassernehmen und zum Essen. Als unser Zug zum Stehen kommt, steht bereits die Fahrkartenverkäuferin mit den dampfenden Tellern an der Lok. Mein Meister nimmt die Teller in Empfang und stellte sie auf die Schaufelbühne. Am Wasserkran angekommen, öffne ich das Ventil und dosiere schnell. Derweil überprüft der Lokführer die Lager. Während das Wasser in der Zisterne gurgelt und einige Eisenbahnfreunde fleißig fotografieren, essen wir das leckere Gulasch. Nur selten blicke ich auf den Wasserkasten, denn bei vier Umdrehungen müsste es normalerweise knapp zehn Minuten dauern. Es klappt perfekt: Kaum habe ich den Teller leer, erreicht der Zeiger auf der Tenderskala den obersten Punkt. Als der Wasserkastendeckel zufällt, hat auch mein Meister seine Mahlzeit beendet. Solch ein Mittagessen ist im Ver-

Der Dampfbetrieb im Winter lockt zahlreiche Touristen an. Für das Personal jedoch bedeutet dies mehr Arbeit. Im Februar 1991 fasste 99 242 im Bahnhof Alexisbad Wasser. Foto: Dirk Endisch

gleich zu früheren Zeiten und dank der moderaten Fahrpläne ein wahrer Luxus. Aber auch ohne Bahnhofsgaststätte gibt es zahlreiche Möglichkeiten, um sich auf der Lok eine warme Mahlzeit zu kochen. So lassen sich z. B. auf einer blank geputzten Schippe herrliche Bratwürste und Schweinesteaks braten. Auch Kartoffeln können auf diese Weise zubereitet werden. Dagegen klemmt man eine Bockwurst, in Alufolie eingewickelt, zwischen Strahlpumpe und Führerhauswand – und nach einigen Minuten ist sie schön heiß. Schweinefleisch in Büchsen und Suppenkonserven aller Art können natürlich auf einer kohlegefeuerten Dampflok ohne Schwierigkeiten erwärmt werden.

Zurück am Zug bekommt die 99 7237 wieder reichlich Brennstoff auf den Rost. Bis die Bremsprobe fertig ist, sind auch die ersten Kohlen angebrannt. Zwar zeigt der »Heizerwächter« jetzt nur 13 kp/cm^2 an, doch für die rund drei Kilometer nach Harzgerode reicht das allemal. Und außerdem: In Harzgerode haben wir eine halbe Stunde Aufenthalt und wer da noch zuviel Kohle auf dem Rost hat, umgangssprachlich auch als »Braten« bezeichnet, der weiß nachher nicht mehr wohin mit dem Dampf. Hinter dem Bahnübergang lege ich noch einmal kräftig nach. Mit bellenden Auspuffschlägen stampft die 99 7237 die 1:30-Steigung bergan. Hinter dem zweiten Bahnübergang streue ich noch einmal das helllodernde Feuer ab. Kurz danach erreichen wir Harzgerode. Nach dem Umsetzen steht wieder Lokpflege auf dem Programm. Diesmal werden die Stangen und Räder der Lok mit Putzwolle blankgerieben. Der Zugführer organisiert derweil zwei Tassen Kaffee für uns,

Zu den vielen unromantischen Arbeiten bei der Dampflok gehört die Reinigung der Rauchkammer, das so genannte Lösche ziehen. Am 29. April 2003 wurde in Wernigerode die Flugasche aus der Rauchkammer der 99 235 geschaufelt.
Foto: Dirk Endisch

Ältere Dampfloks, wie die 99 5906, besitzen keinen Kipprost. Der Heizer muss dann mit der eisernen Schlackschaufel die Verbrennungsrückstände entfernen. Eine staubige und schweißtreibende Arbeit. Foto: Dirk Endisch

die wir in der Fahrkartenausgabe trinken. Dann ist auch schon wieder die Abfahrzeit heran. Um 14.29 Uhr rollen wir mit dem N 14468 zurück nach Alexisbad. Dort haben wir nur zwei Minuten Aufenthalt, doch das reicht zum Feuerbeschicken, denn bis Mägdesprung geht es eigentlich nur bergab.

Nach einer guten Viertelstunde haben wir Mägdesprung erreicht. Auf dem Nachbargleis steht der N 14457, der heute mit der 199 870 bespannt ist. Die Kollegen haben zwar auf der Diesellok deutlich weniger zu tun und werden auch nicht so dreckig wie wir, aber uns würde das nicht so gefallen.

Auf dem Rost lodert inzwischen ein kleines Höllenfeuer, denn für die Bergfahrt nach Sternhaus-Ramberg braucht die 99 7237 richtig Dampf. Da wir den Berg Tender voran erklimmen, muss der Kessel außerdem zu gut zwei Dritteln gefüllt sein. Bevor der Zugführer das Signal zur Abfahrt gibt, lege ich noch einmal kräftig nach. Nur das Öffnen des Reglers verhindert, dass die Sicherheitsventile anfangen abzublasen. Nach rund 200 Metern, hinter dem zweiten Bahnübergang, geht das verhaltene Grummeln der 99 7237 in ein Stakkato über. Dampf- und Rauchfetzen fliegen nur so aus dem Schornstein, grellweiß lodern nun die Flammen. Ich brauche nur mehrmals sechs Schippen auf dem Rost zu verteilen und schon herrscht wieder Spitzendruck im Kessel. Nach exakt zwölf Minuten sind wir in Sternhaus-Ramberg. Nun geht es fast im Leerlauf hinunter nach Gernrode – Zeit für eine kleine Verschnaufpause.

Pünktlich erreichen wir um 15.40 Uhr Gernrode. Bis zur Abfahrt des N 14459 bleiben uns rund 40 Minuten. Die nutzen wir zum Kohle- und Wasserfassen. Außerdem kontrolliert der Lokführer die Maschine, während ich die großen Treibstangenlager mit Öl versorge und die Achslager sowie die Beugniot-Drehgestelle abschmiere. So sparen wir nachher beim Restaurieren Zeit und können pünktlich Feierabend machen. Das Abölen der Achslager ist eine Sache für sich. Meist müssen die Deckel der Ölgefäße erst von Schmutz und Dreck befreit werden. Bevor der Heizer das Öl mit der Spritze nachfüllt, muss er prüfen, ob nicht Was-

ser in die Gefäße eingedrungen ist. Dazu steckt er den Finger in die Tülle. Befindet sich Wasser im Gefäß, hat der Feuermann den »Hauptgewinn« gezogen, denn nun muss er den gesamten Inhalt erst mit der Spritze abziehen, bevor er wieder neues Mineralöl nachfüllen darf. Bei Dienstschluss, kann man da schon 'mal ordentlich Zeit zusetzen. Glücklicherweise sind die Klappen der Ölgefäße alle dicht, sodass ich nur Öl nachzufüllen brauche. Die Arbeit geht zügig von der Hand, da bleibt sogar noch Zeit für eine Tasse Kaffee im Aufenthaltsraum.

Gegen 16.10 Uhr rollen wir wieder mit Schrittgeschwindigkeit an unseren Zug, der nun als N 14457 nach Harzgerode fahren wird. Wie schon gut sechs Stunden zuvor bereite ich das Feuer für die Bergfahrt vor. Das Wassernehmen in Alexisbad entfällt jedoch bei der Hinfahrt. So erreichen wir pünktlich und ohne Zwischenfälle um

Fertig für den nächsten Einsatz wartete im Juni 2003 die 99 241 in Wernigerode auf ihr Personal. Das Restaurieren dauerte rund eine Stunde. Foto: Dirk Endisch

17.29 Uhr Harzgerode. Das Umsetzen ist in wenigen Minuten erledigt und die verbleibenden gut fünf Minuten nutzen wir für eine kurze Kontrolle der Lager.

Um 17.38 Uhr verlassen wir als N 14467 Harzgerode. Die Kollegin von der Fahrkartenausgabe, die gleichzeitig die Schranken bedient, hat jetzt gleich Feierabend, wir noch lange nicht. In Alexisbad setzten wir um, denn der N 14467 fährt nach Straßberg. Und das Umsetzen nutzen wir natürlich zum Wasserfassen. Exakt neun Minuten haben wir dafür Zeit. Das reicht allemal, bevor wir unsere Fahrt um 17.59 Uhr fortsetzen. Im Zug sitzen nur wenige Fahrgäste und in Straßberg wartet nur eine Hand voll Reisende auf uns. Der Fahrplan gibt uns zum Umspannen acht Minuten Zeit, das reicht auch, um das Feuer für die Rückfahrt vorzubereiten. Da wir nun die letzte Leistung erbringen, lege ich mir schon einmal die Schürgeräte auf dem Wasserkasten zurecht. Holen und ablegen der langen Eisengeräte ist auf dem recht engen Führerstand der 99 7237 eine Zirkelei. Dazu muss ich zunächst sowohl das vordere als auch hintere Fenster öffnen. Danach hole ich mir die lange Rohrwandkratze, mit der ich die wenigen Schlackennester an der Feuerbüchsrohrwand entferne. Mit Handschuhen und zwei alten Lappen jongliere ich dann die heiße Kratze wieder auf den Wasserkasten. Da wir noch stehen, geht das ohne Probleme. Nun noch einige Schippen über das Feuer gestreut und dann kann es meinetwegen wieder losgehen. So verlassen wir um 18.35 Uhr Straßberg. Bis Alexisbad braucht die 99 7237 nur wenig »Futter«. Da bleibt Zeit für eine kleine Stärkung. Eine Schnitte und einen Apfel lasse ich noch übrig. Das ist das »Entgleisungsbrot«, es wird erst gegessen, wenn wir kurz vor Gernrode sind, denn man weiß ja nie, was alles noch passiert.

In Alexisbad beginne ich langsam damit, mein Feuer für die Bergfahrt hinauf nach Sternhaus-Ramberg vorzubereiten. Dabei packe ich jetzt die hinteren beiden Ecken richtig voll, denn die Glut brauche ich nachher noch dringend. Dann greife

ich mir die Kanne mit dem Heißdampföl und stelle sie auf die Feuertür, damit das Öl schön geschmeidig wird und es sich nachher besser umfüllen lässt. Außerdem erhöhe ich nun langsam den Wasserstand im Kessel und nässe die Lösche in der Rauchkammer. Dabei lasse ich die Hand immer am Dillinghahn. Sicher ist sicher! Ich kenne Kollegen, die haben nämlich einmal vergessen die Rauchkammerspritze abzustellen. Irgendwann schwamm dann die Lösche in der Rauchkammer und das Wasser gelangte durch die unteren Heizrohre in die Feuerbüchse, wo dann das Feuer im schwächer wurde und die Lok schließlich mit Dampfmangel liegen blieb. Das will ich uns ersparen!

Während der zwei Minuten Aufenthalt in Mägdesprung heize ich der 99 7237 noch einmal tüchtig ein. Der Wasserstand pendelt nun um die Dreiviertel-Marke. Wasser da, Dampf da, Feuer liegt und los geht's zur letzten Bergfahrt des Tages. Doch erst, wenn wir oben sind, beginnt der richtig schweißtreibende Teil der Arbeit, denn nun muss ich das Feuer für das Entschlacken vorbereiten. Nach der Abfahrt schließe ich die Luftklappe und stelle den Bläser soweit auf, dass die Flammen und Rauchgase gut abziehen. Während sich die Lok talwärts durch die Kurven schaukelt, öffne ich die Aschkastenspritze und angle den langen Einzahn vom Wasserkasten. Erst durch das hintere Stirnfenster und dann in den Führerstand. Nun ziehe ich zuerst die Glut vom vorderen Teil des Rostes nach hinten, dann muss die Schlackeschicht aufgebrochen werden. Gott sei Dank ist die Schlacke nicht zu fest, sonst müsste ich sie mühsam mit dem Schlackespieß aufstoßen. Das bleibt mir aber erspart. Nun ziehe ich die einzelnen Schlackeplatten in die Mitte. Danach wird die Glut wieder an die vordere Rohrwand geschoben. Nun muss der Einzahn, dessen Haken langsam anfängt zu glühen, wieder auf den Wasserkasten geschoben werden. Also erst wieder durch das hintere Fenster und dann wieder nach vorn. Bei diesem »Spiel« ist schon so manches Stirnfester zu Bruch gegangen! Zum Schluss werfe ich auf die verteilte Glut noch frische Kohle auf und schließe die Aschkastenspritze wieder. Nach gut zehn Minuten ist das Feuer zum Entschlacken vorbereitet. Das ging heute dank der guten Kohle recht schnell, dennoch rinnt der Schweiß in Strömen.

Pünktlich um 20 Uhr kommen wir in Gernrode an. Ehe alle Fahrgäste den Zug verlassen haben, vergehen einige Minuten. Nachdem wir die Wagen unseres Zuges abgestellt haben, fahren wir an die Kohle. Die Türen des Tenders habe ich geschlossen. Während der Lokführer zum Bagger geht und den Kohlenvorrat ergänzt, werde ich den Rost putzen. Zuerst öffne ich erneut die Aschkastenspritze, dann hole ich den kurzen Einzahn, mit dem ich die Glut von den Seitenwänden nach vorne schiebe und nun die Schlacken in der Mitte sammele. Anschließend wird die Glut wieder an den Seitenwänden verteilt. Jetzt werden die beiden hinteren Ecken gereinigt. Erst danach kurbele ich den Kipprost herunter und schiebe die Rückstände in den Aschkasten. Erst nachdem alle Schlackenreste entfernt sind, kurbele ich den Kipprost wieder hoch. Inzwischen ist der Tender gefüllt und wir können vor zum Lokschuppen fahren. Zuvor rollen wir aber auf die Ausschlackstelle, eine kleine Blechwanne zwischen den Gleisen. Nach dem Öffnen der beiden Bodenklappen fallen Schlacke und Asche heraus. Zwei-, drei Mal richtig an den Hebeln gerüttelt und dann ist alles draußen. Die verbliebene Glut auf dem Rost dient zur Anlage eines Ringfeuers. Mit diesem Ruhefeuer bleibt die Lok bis zu ihrem nächsten Einsatz stehen. Nach dem Entschlacken setzt mein Lokführer die Maschine kurz zurück, damit wir die Rauchkammer reinigen können. Dazu schlage ich mit einem Hammer die Vorreiber auf und öffne langsam die Rauchkammer, doch es ist nicht viel Lösche drin, der Boden der Rauchkammer ist etwa bis zum Blasrohr gefüllt. Es werden aber trotzdem gut zwei Schubkarren voll. Erst jetzt fährt die Lok auf die Untersuchungsgrube. Während mein Meister die

Nachtruhe in Gernrode: Im August 1992 übernachtete die 99 240 vor dem Lokschuppen in Gernrode. Nur das Surren der Lichtmaschine unterbrach die Stille. Foto: Dirk Endisch

Nachschau erledigt, schaufele ich die Verbrennungsrückstande in den Schlackewagen. Früher haben dies die Betriebsarbeiter erledigt, heute gehört so etwas fast überall zu den Aufgaben des Lokpersonals.

Doch damit sind unsere Arbeiten noch lange nicht erledigt. Zunächst fülle ich neues Heißdampföl in die Grützner-Schmierpumpe und öle noch die Lager ab. In der Zwischenzeit spritzt mein Lokführer die Rauchkammer ab – bräuchte er eigentlich nicht, denn das gehört zu den Aufgaben des Hei-

Notwendige Werkzeuge und Zubehör auf einer Dampflok

Werkzeuge
- 1 Handhammer, groß (1 kg)
- 1 Handhammer, klein (250 g)
- 1 Flachmeißel
- 1 Kreuzmeißel
- 2 Durchschläge
- 1 Splintzieher
- 1 Kneifzange
- 1 Kombi-Zange
- 10 bis 13 Schraubenschlüssel unterschiedlicher Größe
- 2 Schraubenzieher, klein und groß
- 1 verstellbarer Schraubenschlüssel
- 1 Schlüssel für die Stopfbuchse der Luft- und Speisepumpe
- 1 Kurbel für Schmierpumpe (sofern nicht fest verbunden)
- 1 Kurbel für DK-Schmierpumpe (sofern nicht fest verbunden)
- 1[1] Sonderschlüssel für die Schrauben der Achslagerstellkeile
- 1 Schlüssel für die Ölverschraubungen
- 1[1] Kurbel für Schmierpumpe (sofern nicht fest verbunden)
- Zapfenschlüssel für den Schieberkreuzkopf
- 1[1] Steckschlüssel für die Bruchscheiben
- 2 Brechstange, klein und groß

Betriebsgeräte
- 2[1] Heizerschaufeln
- 1[1] Kohlenhacke
- 1 Einzahnhaken
- 1 Zweizahnhaken (kurz) oder Aschkastenkratze (kurz)
- 1 Zweizahnhaken (lang) oder Aschkastenkratze (lang)
- 1 Schlackespieß (Schlackenbrecher)
- 1 Rohwandkratze
- 1 Greiferhaken für Schürgeräte
- 2 Fußgestelle

- 2[1] gepolsterte Sitze (sofern die Lok keine fest eingebauten Sitze hat)
- 1 Ölspritze
- 1 Ölpinsel
- 1[1] Kurbel für den Kipprost
- 1 Kasten für den Buchfahrplan
- 1 Übergangsstück mit Gummiring für den Feuerlöschstutzen

Signalmittel
- 6[1] Signallaternen (davon 2 rot abblendbare)
- 2 Signalscheiben (Vereinfachtes Schlusssignal, Zg 4)
- 2 Büchsen mit jeweils 6 Knallkapseln

Beleuchtungsgeräte
- 2 Wasserstandslaternen (elektrisch)
- 2 Akku-Handlaternen (rot abblendbar)
- 1 Lampe für die Steuerungsskala (elektrisch)
- 1 Lampe für den Fahrplankasten (elektrisch)
- 1 Kasten mit Ersatzteilen (Sicherungen, Glühbirnen) für die elektrische Beleuchtung und Notbeleuchtungsteilen (so genannte »Dunkelfeinden«)

Kannen und Behälter
- 4[1] Ölkannen für jeweils 4 kg (Mineral-, Heißdampf-, Nassdampf- und sonstige Öle)
- 2 Ölkannen für jeweils 1 kg (Kompressoren- und Sonderöl)
- 2 Ölkannen für jeweils 14 kg (meist Mineralöl)
- 1 Handölkanne für 0,5 kg
- 1 Behälter für die Knallkapselbüchsen
- 1 Behälter für Fahrpläne und Dienstvorschriften
- 1 Behälter für Leistung- und Mängelbuch der Lokomotive

- 1 Eimer
- 1 Fahrplankasten mit Zettelhalter
- 2 Messbecher für Chemikalien zur Speisewasseraufbereitung (150 und 600 g)

sonstige Geräte
- 1[1] Anschließkette
- 1 Sicherheitsvorhängeschloss
- 3[1] Vorhängeschlösser
- 1 Besen
- 1 Handfeger
- 2[1] Schieberfeststellwinkel
- 3[1] Spreizhölzer
- 1 Schlüsselring mit Vierkantschlüsseln und Schlüssel für Kasten und Vorhängeschlösser
- 1[1] Stoßfettpresse

sonstige Ausrüstungsmittel
- 2[1] Heizschläuche zwischen Lok und Tender (einer als Reserve)
- 2 Halbkupplungen
- 1[1] Kurzkupplungsschlauch die Hauptluftleitung zwischen Lok und Tender (Reserve)
- 1[1] Kurzkupplungsschlauch für die Zusatzbremse zwischen Lok und Tender (Reserve)
- 1 Bremskupplung als Reserve
- 1 Kasten mit 6 Wasserstandsgläsern und Gummiringen für den Wasserstandsanzeiger
- 1 Verbandskasten (plombiert)
- 4[1] Bruchscheiben
- 1 Schieberstichmaß
- 1 Spritzschlauch

Anmerkung:
[1] wird nicht bei allen Lokomotiven benötigt

zers. Während ich noch mit den Stangenlagern beschäftigt bin, holt er, Kumpel wie er ist, neues Achsen- und Heißdampföl. So brauche ich nur noch die kleine Ölkanne aufzufüllen und den Führerstand abzuspritzen. Während ich noch einmal die Strahlpumpe ansetze, um den Kesseldruck auf 8 kp/cm^2 herunterzuspeisen – der Kessel ist jetzt zu gut zwei Dritteln gefüllt –, wirft mein Meister den »Anker«: Er legt die Wurfhebelbremse um und bedient die Zusatzbremse. Zum Schluss lässt er

noch die Luft aus den Hauptluftbehältern ab, nun steht die 99 7237 fest angebremst. Sie hat sich ihre Nachtruhe redlich verdient, nur kleine Rauchwölkchen wabern noch aus dem Schornstein. Wir nehmen unsere Sachen und verlassen den Führerstand. Ein Blick auf die Uhr: Es ist kurz vor 21 Uhr, erst jetzt haben wir Feierabend. Schweiß, Staub und Ruß entfernen wir unter der Dusche und gegen 21.30 Uhr mache ich mich endlich auf den Heimweg.

Wartungs- und Pflegearbeiten an einer Dampflok

1. Vollständige Bremsprüfung einschließlich Berichtigung des Bremskolbenhubes: *nach max. 4 Tagen*
2. Betriebsbremsprüfung durchführen und Bremseinrichtungen entwässern: *täglich*
Den Luftpumpendruckregler auf die richtige Einstellung überprüfen: *nach max. 4 Tagen*
Schraubenspindel auf einen leichten Gang und die Entlüftungsbohrung kontrollieren. Die Schmierpumpe und das Sieb am Ansaugstutzen der Luftpumpe säubern: *nach max. 4 Tagen*
3. Sandstreuer, Düsen und Sandtreppen reinigen: *nach max. 4 Tagen*
4. Die Achslagerstellkeile ölen und nachstellen. Die Unterkästen und die Schmierung der Achslager kontrollieren: *nach max. 4 Tagen*
5. Die Lenk- und Rückstelleinrichtungen überprüfen sowie die Ölstellen kontrollieren und abölen: *nach max. 4 Tagen*
6. Die Zentralschmierung auf ihre Funktion hin überprüfen: *nach max. 4 Tagen*
7. Den Kuppelkasten reinigen und die Ölleitungen der Zug- und Stoßvorrichtung kontrollieren: *nach max. 4 Tagen*
8. Die Schlingerkeile ölen und Nachstellen; den Stehkesselträger ölen: *nach max. 4 Tagen*
9. Die Ausgleichhebel und Federspannschrauben überprüfen und das Z-Maß kontrollieren. Die Ölbohrungen der Ausgleichhebeln und die Federspannschrauben säubern und schmieren: *täglich*
10. Bremsgestänge schmieren und Ölbohrungen reinigen: *nach max. 4 Tagen*
11. Schmierung des vorderen Triebstangenlagers kontrollieren: *nach max. 4 Tagen*
12. Stangenlager einschließlich der Gelenkbolzen auf festen Sitz prüfen, bei Bedarf nachstellen und die Schmierung kontrollieren: *täglich*
13. Die gesamte Steuerung auf Verschleiß überprüfen: *nach max. 4 Tagen*
14. Funktionsfähigkeit der Spurkranzschmierung überprüfen: *nach max. 4 Tagen*
15. Werkzeuge und Geräte auf ihre Vollständigkeit und Verwendbarkeit überprüfen: *nach max. 4 Tagen*
16. Kesselspeiseeinrichtungen auf ihre Funktion und Dichtheit prüfen. Die Schmierpumpe säubern und den Mischvorwärmer kontrollieren: *nach max. 4 Tagen*
17. Die selbsttätigen Entwässerungsventile überprüfen: *nach max. 4 Tagen*
18. Isolierung der Dampf- und Warmwasserführenden Leitungen überprüfen und kleinere Schäden reparieren: *nach max. 4 Tagen*
19. Schmelzpfropfen in der Feuerbuchse auf seine Dichtheit kontrollieren: *täglich*
20. Die Wasserstandsanzeiger prüfen: *täglich*
21. Die Abschlammeinrichtungen am Kessel überprüfen und bei Bedarf einstellen: *täglich*
22. Die Einstellung der Kesselsicherheitsventile kontrollieren: *täglich*
23. Aschkasten- und Rauchkammerspritze überpüfen: *nach max. 4 Tagen*
24. Rauchkammer und Funkenfänger (einschließlich) Prallblech kontrollieren: *täglich*
25. Vereinfachte Dichtigkeitsprüfung an der Dampfmaschine durchführe: *nach max. 4 Tagen*
26. Standprüfverfahren: *alle drei Monate*
27. Federspannschrauben, Tragfedern, Drehzapfen, Achslager und Schmierstellen am Tender kontrollieren: *nach max. 4 Tagen*

9. Glossar

A

Ackermann-Ventil: ⇨ *Kesselsicherheitsventil*

Adamsachse: Die einachsige, seitenverschiebbare Laufachse liegt in einem Rahmen aus Stahlguss, der die beiden Achslager fest miteinander verbindet. Die kreisförmige Verbindung zwischen Achslagergehäuse und Rahmen zwingt die Laufachse, sich in der Kurve radial einzustellen. Der fehlende Drehzapfen ist charakteristisch für die Adamsachse. Angüsse am Gehäuse begrenzen das Seitenspiel der Achse. Als Rückstellvorrichtungen dienten zunächst Blattfedern, die später durch Druckstangen und Schraubenfedern ersetzt wurden. Aufgrund des

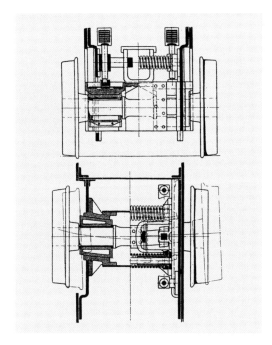

Schnitt durch eine Adams-Achse.

Zeichnung: Archiv Dirk Endisch

Allan-Steuerung. Foto: Dirk Endisch

relativ geringen Platzbedarfs und der umstrittenen Führungseigenschaften wurde die Adamsachse meist nur als hintere Laufachse (z. B. Baureihen 01, 03, 22) verwendet.

Allan-Steuerung: Die 1854 von Alexander Allan (1809–1891) entwickelte Steuerung kombiniert die Stephenson- und die Gooch-Steuerung. Auf der Treibachse sitzen je eine Hubscheibe für die Vorwärts- und die Rückwärtsfahrt, die durch Schwingenstangen mit der gebogenen Schwinge, in diesem Fall auch »Kulisse« genannt, verbunden sind. Die Schieberschubstange ist mittels eines Gleitstückes, dem Schwingenstein, mit der Kulisse verbunden. Bei der Stephenson-Steuerung wird die Schwinge zur Veränderung der Füllungen bewegt. Im Gegensatz dazu ist bei der Gooch-Steuerung die Kulisse zur entgegengesetzten Seite, also in Richtung Schieberkasten, gebogen. Außerdem wird hier die Schieberschubstange zur Änderung der Füllungen gesenkt bzw. gehoben. Allan verwendete hingegen eine gerade Schwinge und ordnete Schwinge und Schieberschubstange beweglich an; beide werden zur Änderung der Füllungen verstellt. Die Allan-Steuerung war durch ihre gerade Schwinge preiswerter in der Herstellung und durch die geringere Bewegung der einzelnen Teile genauer in der Dampfverteilung. Zunächst wurde sie bevorzugt als Innensteuerung genutzt.

Anfahrvorrichtung: Die ersten Verbund-Maschinen besaßen nur zwei Zylinder. Sie mussten mit einer Anfahrvorrichtung ausgerüstet werden, da beim Anfahren nur das Hochdruck-Triebwerk Dampf erhielt, die Lok sich aber nicht mit einem Zylinder in Bewegung setzten konnte, vor allem wenn dieser in der ➪ Totpunktlage war. Die Anfahrvorrichtung sorgte dafür, dass ➪ Hoch- und ➪ Niederdruckzylinder Frischdampf erhielten. Nach dem Anfahren stellte die Anfahrvorrichtung automatisch wieder auf Verbund-Betrieb um. Positiver Nebeneffekt: Durch die einfache Dampfdehnung war eine höhere Anfahrzugkraft möglich. Auch Vierzylinder-Verbundmaschinen erhielten eine Anfahrvorrichtung.

Aschkasten: Der Aschkasten sitzt unterhalb des ➪ Rostes und fängt die durch die Rostspalten fallende Asche und Schlacke auf. Je nach Bauart der Lok ist der Aschkasten entweder zwischen den Rahmenwangen eingezogen oder über die Rahmenwangen gezogen. Den Boden des Aschkas-

Der Aschkasten der 01 519. Typisch für den Aschkasten der Bauart Stühren sind die seitlichen Luftklappen, die die Zufuhr von Verbrennungsluft deutlich verbessern. Foto: Dirk Endisch

tens bilden bewegliche Klappen, die meist vom Führerstand aus bedient und verriegelt werden können. Ältere Aschkästen wurden genietet, heute werden sie geschweißt. Der Aschkasten besitzt außerdem die Luftklappen zum Ansaugen der Verbrennungsluft. Schutzgitter verhindern das Herausfallen von glühenden Kohleteilchen, die mit einer Aschkastenspritze gelöscht werden können. Die meisten Aschkästen sind am Bodenring des Kessel befestigt. Die Aschkästen der *Bauart Stühren*, mit denen die DR ihre Neubau- und Rekoloks ausrüstete, sind dagegen am Rahmen befestigt. Dadurch konnten seitliche Luftklappen zwischen Bodenring und Aschkasten eingebaut werden, was die Zufuhr der Verbrennungsluft deutlich verbesserte.

Ausgleichhebel: Sie stellen die Verbindung zwischen den einzelnen ➪ Tragfedern her und fassen die Federn der Radsätze zu Gruppen zusammen. Die Ausgleichhebel sind meist innerhalb des Rahmens in einem festen Drehpunkt gelagert. Durch die Zusammenfassung der einzelnen Tragfedern können Stöße etc. besser abgefangen und die Laufeigenschaften der Lok verbessert werden. Entsprechend der Anzahl der Federgruppen unterscheidet man Dreipunkt-, Vierpunkt- oder Sechspunktabstützung. Die Ausgleichhebel der Baureihen 23 (DR), 41 und 45 besaßen Bolzen, durch deren Umstecken die Federspannkräfte und damit die Achsfahrmasse zwischen den Kuppel- und Laufachsen verändert werden konnte.

Ausströmrohr: Nachdem der Dampf im Zylinder entspannt wurde, gelangt er über den Ausströmkasten des ➪ Schieberkastens in das Ausströmrohr. Die Ausströmrohre laufen kurz vor dem ➪ Blasrohr, im so genannten Hosenrohr, zusammen.

Außenrahmen: Der Außenrahmen ist eine Sonderform des ➪ Blechrahmens, bei dem die Radsätze innerhalb der Rahmenwangen liegen. Durch die

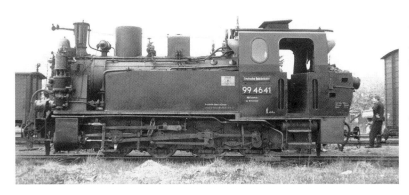

Die 99 4641 besitzt einen Außenrahmen. Am 24. April 1968 stand die Lok im Bahnhof Kyritz.
Foto: Hans Weber,
Archiv Dirk Endisch

weiter auseinander liegenden Achslager können zwar bessere Laufeigenschaften erreicht werden, doch die Nachteile waren erheblich. So konnte der Rahmen nur schwer versteift werden, die Unterhaltung der Radsätze war schwerer und für das Triebwerk waren spezielle Gegenkurbeln (Hallsche Kurbeln) notwendig. Aus diesen Gründen wurde der Außenrahmen in Deutschland nur bei wenige Maschinen (z. B. 99 4532) mit speziellen Laufwerken (z. B. ➪ Klien-Lindner Hohlachsen) oder mit sehr schmalen Spurweiten verwendet. Auch bei Drehgestellen wurde der Außenrahmen aus Platzgründen genutzt (z. B. Baureihe 65[10]).

äußere Einströmung: ➪ *Einströmung*

äußere Steuerung: ➪ *Steuerung*

B

Barrenrahmen: Obwohl der englische Lokomotivkonstrukteur Edward Bury (1794–1858) bereits Mitte des 19. Jahrhunderts den Barrenrahmen entwickelt hatte, vergingen rund 50 Jahre bis sich seine Erfindung zuerst im US-amerikanischen Lokomotivbau durchsetzte. Im Unterschied zum ➪ Blechrahmen besteht der Barrenrahmen aus 70 bis 100 mm starken, gewalzten Stahlplatten, aus denen die Rahmenwangen ausgeschnitten werden. Die Rahmenwangen werden dann zusammengeschraubt. Der Barrenrahmen kann aufgrund seiner höheren Stabilität deutlich niedriger als der ➪ Blechrahmen ausfallen. Dadurch waren die Innentriebwerke von außen leichter erreichbar. Den ersten deutschen Barrenrahmen baute die Lokfabrik

Typisch für den Barrenrahmen sind die Ausschnitte in den Rahmenwangen, wie hier bei der ehemaligen 50 0047 (Meiningen, April 2002). Es gibt aber auch Barrenrahmen, wo diese Ausschnitte fehlen. Diese werden dann meist als »unbearbeitete Barrenrahmen« bezeichnet.
Foto: Dirk Endisch

126

Maffei 1903. Die Deutsche Reichsbahn-Gesellschaft (DRG) rüstete fast alle ihre Einheitsloks mit einem Barrenrahmen aus. Aus Kosten- und Fertigungsgründen gingen Bundes- und Reichsbahn nach dem Zweiten Weltkrieg wieder zum Blechrahmen über. In den USA wurden die Barrenrahmen später gegossen.

Beugniot-Hebel: Edurad Beugniot (1822–1878) entwickelte 1863 für einen Sechskuppler den nach ihm benannten Verbindungshebel. Er verband die erste und dritte sowie die vierte und sechste Achse durch jeweils eine waagerechte Deichsel. Die Deichsel war in der Mitte an einem Drehzapfen im Rahmen beweglich gelagert. Dadurch konnten die Spurkranzkräfte gleichmäßig verteilt und die Laufeigenschaften von Maschinen ohne Laufachsen deutlich verbessert werden. In Deutschland konnte sich der Beugniot-Hebel nicht durchsetzten. Zu den wenigen Gattungen mit Beugniot-Hebeln gehörte die Baureihe 82.

Bissel-Achse: Zu den ältesten beweglichen Laufachsen gehört die Bissel-Achse. Bereits 1857 ließ sich der Amerikaner Levi Bissel seine Erfindung patentieren. Die Laufachse lagerte in einem Deichselgestell, das seitlich ausschwenken kann. Rückstellvorrichtungen brachten die Bissel-Achse wieder in die Mittellage. Bei Kurvenfahrten übernahm die Bissel-Achse einen Teil der Führung. Die Bissel-Achse war zwar preiswert in der Herstellung und Wartung, lauftechnisch vermochte sie jedoch im Vergleich zum ➪ Krauss-Helmholtz-Lenkgestell nicht zu überzeugen. Geschobene Bissel-Achsen wichen im geraden Gleis relativ leicht von der Mittellage ab und neigten dadurch zum Pendeln.

Blasrohr: Durch das Blasrohr, das meist auf dem Boden der Rauchkammer exakt unter dem Schornstein sitzt, entweicht der Zylinderabdampf mit Überdruck. Die Mündung des Blasrohrs und der Schornstein müssen sehr genau aufeinander abgestimmt werden, damit der Abdampfkegel den Schornstein voll ausfüllt und so der für das Ansaugen der Verbrennungsluft notwendige Unterdruck in der ➪ Rauchkammer erzeugt wird. Der ausströmende Dampf reißt dabei die Rauchgase mit. Steigt der Dampfverbrauch, so entsteht auch ein höherer Unterdruck, der wiederum mehr Verbrennungsluft ansaugt. Das System reguliert sich dadurch von selbst. Eine Sonderbauart des Blasrohres ist der ➪ Giesl-Flachejektor.

Blechrahmen: Wie der Namen schon sagt, besteht der Blechrahmen aus einzelnen Blechen, die entweder miteinander vernietet oder verschweißt werden. Da die Bleche mit 25 bis 40 mm deutlich schwächer als die Wangen des ➪ Barrenrahmens

Der Blechrahmen der 50 4073 ist deutlich höher als ein vergleichbarer Barrenrahmen (Meiningen, April 2002).
Foto: Dirk Endisch

sind, sind Blechrahmen deutlich höher. Das früher auch als »Plattenrahmen« bezeichnete Bauteil ist jedoch in der Fertigung preiswerter und kann schneller hergestellt werden.

Bosch-Schmierpumpe (Bosch-Öler): Für die Schmierung der unter Dampf gehenden Schieber und Kolben entwickelte die Firma Bosch Anfang des 20. Jahrhunderts eine Hochdruckschmierpumpe, die meist auf der linken Seite des Führerstands sitzt und über ein Hebelgestänge angetrieben wird. Das Schmiermittel gelangt aus dem Vorratsbehälter (7,5 Liter) über Ölleitungen zu den Schmierstellen. Mit Hilfe des so genannten Tropfenanzeigers kann kontrolliert werden, ob alle Ölleitungen mit Schmiermittel versorgt werden. Durch Flügelmuttern kann die Fördermenge dosiert werden.

C

Cardo-Wasserstand: ➪ *Wasserstandsanzeiger*

Coale-Ventil: ➪ *Kesselsicherheitsventil*

D

Dampfdom: Auf dem Scheitel des ➪ Langkessels sitzt der Dampfdom. Der runde Aufbau nimmt meist den ➪ Regler auf. Loks mit Heißdampfregler haben nur einen Entnahmestutzen mit einem

An einigen Dampfdome, wie hier bei der 03 295, sind direkt die Entnahmestutzen für die Hilfsbetriebe angeflanscht. Foto: Dirk Endisch

Kolben und Kolbenstange: Deutlich sind die Rillen für die Kolbenringe zu erkennen. Foto: Dirk Endisch

Sperrschieber. Links und rechts des Dampfdoms sind meist Entnahmestutzen für Hilfsbetriebe (Luftpumpe etc.) und die Dampfpfeife montiert.

Dampfkolben: Der Dampfkolben sitzt im ➪ Zylinder. Der Kolben nimmt die Dampfkraft auf, wandelt sie in eine waagerechte Bewegung um und überträgt sie mit Hilfe der Kolbenstange auf den Kreuzkopf. Der sehr feste Dampfkolben muss jedoch relativ leicht sein. Der äußere verstärkte Umfang des Kolbens nimmt die Kolbenringe auf, die zur Abdichtung gegen die Zylinderwand dienen. Die Aufnahme der geschmiedeten Kolbenstange in der Mitte des Dampfkolbens ist ebenfalls verstärkt. Während ältere Maschinen Kolben mit einem u-förmigen Querschnitt, der so genannten schwedischen Bauform, besitzen, ging die DRG zum z-förmigen Querschnitt über. Kolben bestehen entweder aus Schmiede- oder Guss-Stahl.

Dampfsammelkasten: Der Dampfsammelkasten ist ein Bauteil des ➪ Überhitzers und besteht aus einer Nassdampf- und einer Heißdampfkammer. Er sitzt auf seitlichen Konsolen, oben vor der Rauchkammerrohrwand. An den Dampfsammelkasten sind die Überhitzerelemente angeschlossen. Bei geöffnetem Regler strömt der Dampf durch das Reglerknierohr und das Reglerrohr in die Nassdampfkammer. Dort wird der Dampf auf die einzelnen Überhitzerelemente verteilt, wo er auf ca. 350 bis 400 °C erwärmt wird. Anschließend strömt der Dampf in die Heißdampfkammer und von dort über die angeflanschten ⇨ Einströmrohre in die Zylinder.

Dampfstrahlpumpe: Die Dampfstrahlpumpe, auch als Injektor bezeichnet, dient zur Kesselspeisung. Prinzipiell werden zwei Bauarten unterschieden: Bei *nichtsaugenden* Strahlpumpen fließt das Wasser durch die Schwerkraft zum Injektor, der also unterhalb des Wasserkastens liegen muss und damit im Winter leicht einfreiern kann. Die *saugende* Strahlpumpe holt sich das Wasser selbst. Sie war in Deutschland die vorherrschende Bauart. Die saugende Strahlpumpe, nach ihrem Hersteller der Carl Louis Strube AG in Magdeburg-Buckau auch Strube-Pumpe genannt, besteht im Wesentlichen aus der Dampf-, der Sauge- und der Schlabberkammer. Beim Anstellen der Strahlpumpe erzeugt ein Dampfstrahl in der Wasserkammer durch Kondensation einen Unterdruck, durch den das Wasser angesaugt wird. Dann vermischen sich Wasser und Dampf und gelangen über die Speiseleitung und das ⇨ Speiseventil in den Kessel. Da die saugende Strahlpumpe meist in der Nähe des ⇨ Stehkessels angebracht ist, ist sie frostgeschützt. Zwar arbeitet die Strahlpumpe weitgehend verschleißfrei, bei hochsommerlichen Temperaturen (über 30 °C) kann es jedoch zu Problemen kommen, da die Pumpe nur kaltes Wasser ansaugt. Wasser mit einer Temperatur von mehr als 50 °C kann sie nicht ansaugen, da durch fehlende Kondensation kein Unterdruck mehr erzeugt werden kann.

Dampfzylinder: Der wichtigste Teil des Zylinderblocks ist der Dampfzylinder, der meist unterhalb des ⇨ Schieberkastens sitzt. Die Dampfzylinder bestehen meist aus Gusseisen. Bereits in den 1930er-Jahre experimentierte die DRG mit geschweißten Zylindern. Das Raw Meiningen griff diese Technologie in den 1950er-Jahren wieder

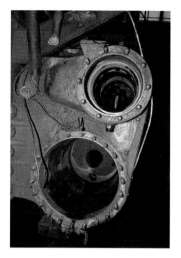

Blick auf einen Zylinderblock: Oben ist der Schieberkasten und unten der Dampfzylinder zu sehen.
Foto: Dirk Endisch

auf und perfektionierte sie. Die aus gewalzten Blechen gefertigten Zylinder sind in der Herstellung deutlich preiswerter, weil man keine Gussmodelle benötigt. Außerdem können später eventuelle Schäden geschweißt werden. Der Zylinderblock ist mit Passschrauben, Winkelleisten und Passstücken mit dem Rahmen verbunden. Die Laufbuchse für den ⇨ Dampfkolben ist geschliffen und an den Enden leicht aufgeweitet, was den Einbau des Kolbens erleichtert.

De Limon-Öler: Zu den ältesten Zentralschmierungen gehört der De Limon-Öler. Die Hochdruck-Schmierpumpe besaß vier bis sechs Anschlüsse für die Schmierung der Zylinder- und Schieberbuchsen. Jeder Anschluss hatte eine eigene Ölkammer mit Ölstandsglas, Umschalthahn, Pumpenelement und Einstellvorrichtung für die zu fördernde Ölmenge. Die Pumpe wurde über eine Hebelgestänge angetrieben. Die Länderbahnen nutzten den De Limon-Öler, der bereits in den 1920er-Jahren durch die ⇨ Michalk- und die ⇨ Bosch- Schmierpumpe ersetzt wurde.
Der De Limon-Öler wird oft mit der **De Limon-Fluhme-Pumpe** verwechselt. Dieser so genannte Sichtöler saß meist im Führerhaus auf der Reglerstopfbuchse. Das Öl wurde mit einem Dampfstrahl vermischt, der es in die ⇨ Schieberkästen und

⇨Dampfzylinder brachte. Allerdings erwies sich die De Limon-Fluhme-Pumpe als wenig effektiv, da der Dampf das Öl häufig zersetzte und damit die Schmierfähigkeit verringerte.

Dienstmasse: Die Dienstmasse einer Dampflokomotive ist ihr Gesamtgewicht mit 2/3 aller Vorräte. Das Dienstgewicht steht am Tender.

DK-Schmierpresse: Die Versorgung der ⇨ Luft- und ⇨ Speisepumpe mit dem notwendigen Schmiermittel übernehmen in erster Linie DK-Schmierpressen. Die richtig als »DK-Schmierpumpe de Limon« bezeichneten Bauteile sitzen auf dem oberen Deckel der Luft- und Speisepumpen. Der Dampfkolben treibt die Pumpen über eine Hubspindel an. Die DK-Schmierpresse gibt es in Ausführungen mit zwei, drei und fünf Schmierstellen. Die Schmierpressen für Luftpumpen besitzen zwei getrennte Kammern für das Nassdampf- und Kompressorenöl.

Doppelverbund-Luftpumpe: Die DRG rüstete ihre neuen Einheitslokomotiven mit der Doppelverbund-Luftpumpe der Bauart Nielebock-Knorr aus. Sie gehört bis heute zu den sichersten und leistungsfähigsten Luftpumpen. Der Dampf wird in einem Hoch- und ein einem Niederdruckzylinder im Verbundverfahren genutzt. Die Luft wird im größeren Niederdruckluftkolben angesaugt und mit rund 2 kp/cm^2 in den kleineren Hochdruckkolben gepumpt. Dort wird die Luft dann auf 8 kp/cm^2 verdichtet und in die ⇨ Hauptluftbehälter gepumpt. Die von der Verbund-Speisepumpe der Bauart Nielebock-Knorr übernommene Steuerung wurde in den 1930er-Jahren durch die einfacherere Peterssteuerung ersetzt, mit der eine Förderleistung von 3.100 l Luft pro Minute möglich war. Während die DR in der DDR an der Doppelverbund-Luftpumpe festhielt, baute die DB bei ihren Maschinen die zweistufige Schnellhub-Luftpumpe der Bauart Wülfel ein.

Druckausgleicher: Bei der Fahrt im Leerlauf entsteht auf der Saugseite des Zylinders im Kolben ein Unterdruck, der die Maschine abbremst. Außerdem können durch den Unterdruck über das Blasrohr Lösche und Rauchgase angesaugt werden, was zu schweren Schäden am Zylinder führen kann. Druckausgleicher sind Luftsaugeventile, die der Lokführer beim Schließen des Reglers öffnete. Dadurch gelangte Frischluft in die Zylinder. Die Druckausgleicher waren entweder am Einströmrohr oder am Schieberkasten befestigt. Die DRG entwickelte für ihre Einheitsloks den *Druckausglei-*

Links: Doppelverbund-Luftpumpe: Der Luftteil ist deutlich an den Kühlrippen zu erkennen. Foto: Dirk Endisch

Rechts: Auf dem Zylinderblock ist der Winterthur-Druckausgleicher montiert. Schließt der Lokführer den Regler, fällt der Ventilteller in die Ausbuchtung unterhalb der u-förmigen Verbindung. Foto: Dirk Endisch

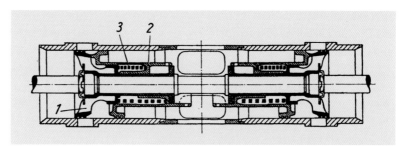

cher mit Eckventilen. Dieser verband die beiden Arbeitsräume des Zylinders mit einer Leitung, über die im Leerlauf der Kolben die Luftmassen hin- und herbewegen konnte. Weiterhin gab es *selbsttätige* Druckausgleicher, wie die der *Bauart Winterthur,* mit denen unter anderem die Baureihe 52 ausgerüstet war. In der Mitte der Verbindungsleitung saß ein Ventilteller, der bei geschlossenem Regler nach unten fiel und so die Luftzirkulation ermöglichte. Allerdings überzeugten die Leerlaufeigenschaften der mit Druckausgleichern ausgerüsteten Loks nie.

Druckausgleich-Kolbenschieber: Anfang der 1920er-Jahre suchten Ingenieure nach Möglichkeiten, wie die Leerlaufeigenschaften der Dampfloks verbessert werden könnten. Sie versuchten, die ➪Kolbenschieber und die ➪Druckausgleicher miteinander zu kombinieren. Karl Schulz (1870–1943) entwickelte 1922/23 den ersten in Deutschland genutzten Druckausgleich-Kolbenschieber. Jeder Schieberkörper bestand aus einem fest auf der Schieberstange montierten Teil und einem beweglichen inneren Teil. Beide bildeten eine runde Kammer, in deren Mitte eine Schraubenfeder lag. Schloss der Lokführer den Regler, so drückte die Feder den beweglichen Schieberkörper in die Mitte und die Dampfkanäle blieben offen. Bei einer Füllung von 60 Prozent entstand der beste Druckausgleich. Ab 1928 rüstete die DRG ihre Maschinen mit diesem Druckausgleich-Kolbenschieber, der nach dem Inhaber der Patentrechte, der Nicolai-Kolbenschieber GmbH, *Nicolai-Schieber* benannt wurde. Nach der Arisierung des

Druckausgleich-Kolbenschieber der Bauart Trofimoff: Rechts sind deutlich die Stützplatte und der bewegliche Schieberkörper zu erkennen.
Foto: Dirk Endisch

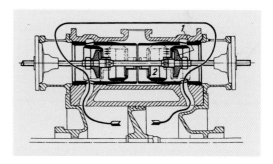

Schnitt durch einen Druckausgleich-Kolbenschieber der Bauart Trofimoff (1 Stützplatte; 2 Schieberkörper). Zeichnung: Archiv Dirk Endisch

Unternehmens 1936 wurden die Schieber als *Karl-Schulz-Schieber* bezeichnet.

Franz Müller (1873–1938) ging einen anderen Weg. Er behielt die festen, ungeteilten Schieberkörper bei, die aber mit einem tellerförmigen Druckausgleichventil ausgerüstet waren. Bei geschlossenem Regler öffneten sich die Ventile und ermöglichten einen Druckausgleich. Die *Müller-Schieber* konnten sich aber nicht durchsetzen, da sich die Tellerventile bei großen Schieberdurchmessern leicht verzogen.

Eine einfache Konstruktion und hervorragende Leerlaufeigenschaften besaßen die *Trofimoff-Schieber*, deren Patente die Sowjetische Staatsbahn 1924 erwarb. Der Trofimoff-Schieber besteht wie der Karl-Schulz-Schieber aus zwei fest montierten und zwei losen Schieberkörpern. Allerdings besaß der Trofimoff-Schieber keine Federn. Die losen Schieberkörper blieben aufgrund der Ringspannung beim Leerlauf in der Mitte liegen und ermöglichten so einen sehr guten Druckausgleich. Beim Öffnen des Regler musste der Lokführer jedoch Fingerspitzengefühl beweisen, denn der Aufprall der Schieberkörper wurde nur durch eine Dampf-Luft-Gemisch gedämpft. Die DR in der DDR rüstete zahlreiche ihrer Maschinen mit Trofimoff-Schiebern aus. Noch heute sind zahlreiche Dampfloks damit im Einsatz. Man hört es am »Klack«, wenn der Lokführer den Regler öffnet.

Druckluftbremse: Bei dieser Bremse wird im Unterschied zur ⇨ Saugluftbremse die Bremswirkung im Bremszylinder mit Druckluft erzeugt. Die Druckluft dient dabei nicht nur als Energieträger, sondern auch zur Steuerung der Bremse. Die erste funktionsfähige Druckluftbremse entwickelte 1868 der amerikanische Ingenieur George Westinghouse (1846–1914). Die Druckluftbremse ermöglichte höhere Bremskräfte, die von einer Person allein bedient werden konnte. Das Grundprinzip dieser Bremse wird bis heute genutzt. Man unterscheidet drei verschiedene Grundtypen: die durchgehende, direktwirkende nicht selbsttätige Druckluftbremse, die durchgehende, indirektwirkende selbsttägige Zweikammerbremse und die durchgehende, indirektwirkende selbsttätige Einkammerdruckluftbremse. Nach der Konstruktion des Steuerventils unterscheidet man *einlösige* und *mehrlösige* Druckluftbremsen. Im Unterschied zur mehrlösigen Brem-

se kann bei der einlösigen Bremse der einmal eingeleitete Lösevorgang (Druckerhöhung in der Hauptluftleitung) nicht mehr unterbrochen werden. Bei der mehrlösigen Bremse kann die Bremswirkung bei Bedarf stufenweise vermindert werden, was das Bremsen erleichtert. Die meisten Dampflokomotiven wurden mit einer einlösigen, selbsttätig wirkenden Einkammer-Druckluftbremse der *Bauart Knorr* ausgerüstet.

Druckluft-Läutewerk: ⇨ *Läutewerk*

E

effektive Leistung: ⇨ *Leistung*

Einströmrohr: Das Einströmrohr gehört noch zur Kesselausrüstung. Es verbindet den ⇨ Dampfsammelkasten mit dem ⇨ Schieberkasten. Um Drossel- und Abkühlungsverluste zu gering wie möglich zu halten, sollten die Einströmrohre möglichst kurz und gerade sein.

Einströmung: Die Einströmung bezeichnet den Weg des Dampfes vom ⇨ Einströmrohr durch den

Das Einströmrohr der 97 501 musste aus konstruktiven Gründen einen leicht Knick erhalten. Dies sorgt allerdings für Strömungsverluste; ideal sind gerade Ein- und Ausströmrohre.

Foto: Dirk Endisch

⇨ Schieberkasten zum ⇨ Dampfzylinder. Nach dem Auftreffen des Dampfes auf die Schieberkörper unterscheidet man zwischen *äußerer* und *innerer* Einströmung. Die äußere Einströmung wurde in erster Linie bei Nassdampflokomotiven mit ⇨ Flachschiebern und bei Verbund-Maschinen für den ⇨ Niederdruckzylinder verwendet, da hier der Dampf einfacher vom Hoch- zum Niederdruckzylinder geführt werden konnte. Bei der äußeren Einströmung der Flachschieber gelangte der Dampf von außen auf den Schieber im Schieberkasten und von dort in den Dampfzylinder, wenn der Schieberlappen den Einströmkanal freigegeben hatte. Bei der inneren Einströmung hingegen strömte der Dampf zwischen die beiden Schieberkörper und von dort in den Zylinder. Die innere Einströmung wurde häufiger angewendet.

einstufige Luftpumpe: ⇨ *Luftpumpe*

Einzelachsantrieb: Bei modernen Diesel- und Elloks hat sich nach dem Zweiten Weltkrieg der Einzelachsantrieb durchgesetzt. Beim Einzelachsantrieb wird jeder Radsatz mit einem eigenen Antrieb ausgerüstet. Einzige deutsche Dampflok mit einem Einzelachsantrieb war die stromlinienverkleidete 19 1001, deren vier Achsen mit jeweils einem Dampfmotor versehen waren. Obwohl die Maschine nur einen Treibraddurchmesser von 1.250 mm besaß war sie dank ihrer Dampfmotoren für eine Höchstgeschwindigkeit von 175 km/h zugelassen. Die 1941 von der Lokfabrik Henschel gebaute Lok wurde 1945 von der US Armee beschlagnahmt und abtransportiert.

elektrische Beleuchtung: Die elektrische Beleuchtung einer Dampflok besteht aus dem Turbogenerator, dem Schalt- und Sicherungskasten sowie den Signallaternen an den Fahrzeugenden, der Triebwerks- und der Führerstandsbeleuchtung. Die für 24 Volt ausgelegte Lichtanlage hat eine Leistung von 0,5 kW und dient zur Versorgung der Lok.

F

Fachwerkdrehgestell: Im amerikanischen Lokomotivbau entstanden Ende des 19. Jahrhunderts die ersten Fachwerkdrehgestelle. Die Preußische Staatsbahn rüstete ihre Tender der Bauarten 2′2′T21,5 und 2′2′T31,5 mit diesen Drehgestellen aus. Im Unterschied zu den mit ⇨ Blechrahmen gefertigten Gestellen wird bei den Fachwerkdrehgestellen die Tendermasse durch Stützpfannen auf die Wiegebalken übertragen. Dadurch waren diese Drehgestelle leichter und übersichtlicher.

Feuerbüchse: Die Feuerbüchse ist ein Teil des ⇨ Hinterkessels. Die Feuerbüchse umfasst den Verbrennungsraum, der unten durch den Rost abgeschlossen wird. Die Feuerbüchse besteht aus der Decke, den beiden Seitenwänden sowie der Rück- und der Rohrwand. Die Feuerbüchsrückwand und der Stehkesselmantel sind durch den Feuerlochring mit dem Feuerloch verbunden. Der Bodenring bildet die untere Verbindung zwischen Feuerbüchse und Stehkesselmantel. Decken-, Bügel- und Queranker sowie Stehbolzen versteifen die Feuerbüchse gegen den Stehkesselmantel. Die Feuerbüchse ist von Wasser umspült und bildet die ⇨ Strahlungsheizfläche. Die Feuerbüchsdecke ist meistens leicht nach hinten geneigt. Der niedrigste, im Betrieb zulässige ⇨ Wasserstand beträgt 100 mm. Wird diese Marke unterschritten,

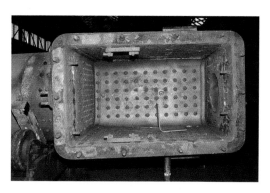

Blick in die Feuerbüchse einer IV K.
Foto: Dirk Endisch

In der Morgensonne des 29. September 2001 glänzt der linke Kreuzkopf der 52 8109. Das gut geölte Triebwerk erweckt den Eindruck, als ob sich die 52 8109 noch mit eigener Kraft bewegen könnte. Das ist leider nicht der Fall. Die Maschine wird von den Thüringer Eisenbahnfreunden in Weimar als nicht betriebsfähiges Schaustück liebevoll gepflegt.
Foto: Dirk Endisch

kann die Feuerbüchse ausglühen. Im Extremfall kann das zu einer Kesselexplosion führen. Der ⇨Schmelzpfropfen soll ein Ausglühen der Feuerbüchse verhindern. Bis zum Ersten Weltkrieg wurden die Feuerbüchsen ausschließlich aus Kupfer- und Kupferlegierungen gebaut. Die Stahlfeuerbüchse setzte sich erst in den 1930er-Jahren schrittweise durch. Stahl leitet zwar die Wärme nicht so gut wie Kupfer, die Stahlfeuerbüchsen sind jedoch preiswerter in der Fertigung und in der Wartung und widerstehen besser den bei der Verbrennung freigesetzten Schwefelgasen.

Flachejektor: ⇨*Giesl-Flachejektor*

Flachschieber: Der Flachschieber ist ein Teil der *inneren* ⇨ Steuerung, der die Ein- und Ausströmung des Dampfes in bzw. aus den Zylindern regelt. Der Flachschieber wird hauptsächlich bei Nassdampflokomotiven verwendet und heißt aufgrund seiner Form auch »Muschelschieber«. Der Dampf drückt den Schieber auf den Schieberspiegel und benötigt deshalb viel Kraft für sein Bewegung. Die Kanten des Flachschiebers, die so genannten Schieberlappen, steuern den Ein- und Austritt des Dampfes.

Flachschieber-Regler: ⇨*Regler*

Franco-Crosti: Der 1914 von Attilio Franco (1873 –1936) entwickelte und von Piero Crosti (1885 –1958(?)) verbesserte Abgasvorwärmer bestand aus einem Wärmetauscher, in dem die Rauchgase und der Abdampf ihre Wärme an das Speisewasser abgaben. Typisch für den Franco-Crosti-Vorwärmer waren ein oder zwei (links und rechts) neben dem ⇨ Langkessel angebrachte Heizrohrkessel und der seitliche Schornstein. Versuche der italienischen Staatsbahn brachten eine Kohlerspanis von rund 20 Prozent. Die DB rüstete zwischen 1951 und 1962 zwei Loks der BR 52 und 31 Maschinen der BR 50 mit Franco-Crosti-Vorwärmern aus, die aber aufgrund von Korrosionsschä-

den an den Kesseln, verursacht durch schwefelige Säure, nach nur wenige Jahren abgestellt werden mussten.

Friedmann-Abdampfinjektor: Die unter dem Führerhaus liegende, nicht saugende ⇨Dampfstrahlpumpe konnte sich in Deutschland nicht durchsetzen. Der Friedmann-Abdampfinjektor nutzte den Maschinenabdampf zur Wasserförderung. Im Stand konnte die Pumpe auch mit Frischdampf betrieben werden.

Führerbremsventil: Zu den wichtigsten Bauteilen der ⇨ Druckluftbremse gehört das Führerbremsventil. Mit dem Führerbremsventil betätigt der Lokführer die Bremse. Die Aufgaben des Führerbremsventils sind das Füllen der Hauptluftleitung, das Konstanthalten des Druckes in der Hauptluftleitung auch bei Druckverlusten, das Entleeren der Hauptluftleitung entsprechend der Bremsstufe, Festhalten der eingeleiteten Bremsstufe, das Erhöhen des Druckes in der Hauptluftleitung zum Lösen der Bremse und das Absperren der Hauptluftleitung.

Führerstand: Der Führerstand ist der Arbeitsplatz des Lokführers und des Heizers. Er befindet sich meist hinter dem ⇨ Hinterkessel. Während der Lokführer in Deutschland immer in Fahrtrichtung rechts steht, ist die linke Seite für den Heizer bestimmt.

Funkenfänger: Der Funkenfänger in der Rauchkammer verhindert, dass vom ⇨ Rost mitgerissene Funken oder glühende Kohleteilchen durch den Schornstein ins Freie geschleudert werden. Die meisten deutschen Dampfloks sind mit einem Funkenfänger der *Bauart Holzapfel* ausgerüstet. Er besteht aus einem aufklappbaren Drahtkorb (Maschenweite 4 mm), der pendelnd an der Unterkante des Schornsteins hängt und bis zum Blasrohr reicht. Ein Prallblech an der Rückseite des Funkenfängers erhöht die Wirkung zusätzlich.

G

Gasbeleuchtung: Bis zur Einführung der elektrischen Beleuchtung ab Mitte der 1920er-Jahre waren die Dampfloks mit einer Gasbeleuchtung ausgerüstet. Das dazu benötigte Gas wurde in einem zylindrischen Behälter mit einem Betriebsdruck von 6 kp/cm^2 gelagert, der häufig auf dem Schlepptender montiert war. Bei Tenderloks hing der Gasbehälter meist an der Rückwand des Kohlekastens. Über ein Druckminderungsventil sowie flexible Rohrleitungen und Gummischläuche gelangte das Gas zu den Laternen. Das so genannte Fettgas wurde in bahneigenen Gaswerken hergestellt.

Gegendruckbremse: Nikolaus Riggenbach (1817–1899) erfand die nach ihm benannte Gegendruckbremse. Diese Triebwerksbremse wurde zur Schonung der Radreifen und der Bremsanlage in erster Linie auf längeren Gefällestrecken (z. B. im Steilstreckenbetrieb) benutzt. Die Funktionsweise war recht einfach: Bei geschlossenem Regler legte der Lokführer die Steuerung in die entgegengesetzte Fahrtrichtung (»Kontern« genannt) um. Dadurch verdichteten die Kolben die im Zylinder vorhandene Luft und die Bremswirkung entstand. Mit einem Drehschieber verschloss der Lokführer das Blasrohr, damit keine Lösche aus der Rauchkammer angesaugt werden konnte. Über diesen Schieber

Die Gegenkurbel treibt die Steuerung an. Foto: Dirk Endisch

konnte aber auch Frischluft angesaugt werden. Zur Kühlung der Luft konnte Wasser in die Zylinder eingespitzt werden.

Gegenkurbel: Die Gegenkurbel, mitunter auch Schwingenkurbel genannt, ist ein wichtiger Bestandteil der ⇨ Heusinger-Steuerung. Sie treibt die Schwingenstange an. Die ersten Gegenkurbeln wurden mit dem Triebzapfen aus einem Stück geschmiedet. Diese fertigungs- und unterhaltungstechnisch sehr aufwändige Bauart ist heute nur noch sehr selten anzutreffen. Die Gegenkurbel wird heute auf den Triebzapfen aufgesetzt und verschraubt.

Giesl-Flachejektor Das ⇨ Blasrohr hat einen entscheidenden Einfluss auf die Wirtschaftlichkeit einer Dampflok. Ein guter Saugzug ist für eine einwandfreie Verbrennung wichtig. Allerdings erzeugen zu enge Blasrohre, die für einen hohen Unterdruck in der Rauchkammer sorgen, einen zu großen Gegendruck in den Zylindern, was zu Leistungseinbußen führt. Die Lösung des Problems fand der Österreicher Adolph Giesl-Gieslingen (1903–1992), der 1949 seinen Flachejektor vorstellte. Giesl-Gieslingen hatte das runde Blasrohr durch sieben hintereinander angeordnete Düsen ersetzt. Dadurch konnte die Pumpleistung der Saugzuganlage deutlich erhöht werden, wobei der Gegendruck deutlich abnahm. Durch den Giesl-Flachejektor konnte die Kesselleistung um bis zu 20 Prozent gesteigert werden bei einer Kohleeinsparung von rund 10 Prozent. Die DR rüstete in der zweiten Hälfte der 1960er-Jahre rund 550 Dampfloks mit einem Giesl-Flachejektor aus. Die Personale nannten den flachen Schornstein »Quetsch-Esse«.

Gleitbahn: Die Gleitbahn ist die Führungsschiene und Halterung für den ⇨ Kreuzkopf. Bis Anfang des 20. Jahrhunderts waren zweischienige Gleitbahnen üblich, das heißt, der Kreuzkopf wurde durch eine obere und eine untere Gleitbahn geführt. Nachdem sich herausgestellt hatte, dass bei exakter Fertigung und Montage der Gleitbahn das Kippmoment die Führung des Kreuzkopfes nicht negativ beeinflusst, setzte sich die einschienige Bauform durch. Die i-förmige Gleitbahn besteht aus sehr festem Stahl. Die Gleitflächen werden gehärtet und geschliffen.

Gleitlager: Bei einem Gleitlager dreht sich die Nabe bzw. der Achsschenkel gleitreibend in der Lagerschale, diese besteht aus der massiven Stützschale (Grundlagerschale) aus Bronze oder Rotguss und dem 5 bis 8 mm starken Lagerausguss. Schwalbenschwanzförmige Nuten stellen die Verbindung zwischen der Stützschale und dem Lagerausguss her. Der Ausguss besteht aus einer Legierung aus Kupfer, Zinn und Antimon. Die meisten Lager bei einer Dampflok sind Gleitlager. Zur Schmierung wird Mineralöl verwendet. Gleitlager sind in der Herstellung deutlich billiger als ⇨Rollenlager, können einfacher gewartet werden und lassen größere Fertigungstoleranzen zu. Seine höhere Reibung und das notwendige Nachschmieren sind die wichtigsten Nachteile des Gleitlagers.

Gölsdorf-Achse: Zur Verbesserung des Bogenlaufes für Dampfloks mit mehr als drei Kuppelachsen entwickelte Karl Gölsdorf (1861–1916) ein Laufwerk mit seitenverschiebbaren Radsätzen. Damit sich die Achsen verschieben konnten, wurde ein Spiel zwischen den Stirnflächen der Lagerschenkel und Achsen vorgesehen. Außerdem mussten die entsprechenden Kuppelzapfen verlängert werden, damit die Kuppelstangen verschoben werden konnten. Eine Rückstellvorrichtung brachte die verschiebbaren Achsen nach der Kurvenfahrt wieder in die Mittellage.

GP-Wechsel: Ist ein Bauteil der ⇨Druckluftbremse. Die Umstelleinrichtung sitzt zwischen dem einlösigen Steuerventil und dem Bremszylinder. Der Hahn kann in die Bremsstellungen P (Personenzug) und G (Güterzug) gelegt werden. In der

Stellung P gelangt die Bremsluft ungehindert in rund fünf Sekunden zum Bremszylinder. Bei der Stellung G hingegen wird die Luft gedrosselt, sodass der Bremshöchstdruck erst nach rund 35 Sekunden erreicht ist. Die Einstellung des GP-Wechsels lässt sich leicht erkennen: Zeigt der Handgriff in Richtung Luftleitung, ist die Stellung P eingestellt; senkrecht zur Luftleitung G.

H

Handbremse: ⇨ *Wurfhebelbremse*

Hängeeisen: Das Hängeeisen ist ein Teil der ⇨Heusinger-Steuerung und verbindet den über der Schwinge angebrachten Aufwurfhebel mit der Schieberschubstangen.

Hauptkuppeleisen: Lok und Tender sind mit dem Hauptkuppeleisen verbunden, an dem dann die gesamte Zugmasse hängt. Das Kuppeleisen wird mit den ⇨Kuppelkästen von Lok und Tender durch die Hauptkuppelbolzen verbunden. Die dafür notwendigen Bohrungen sind als Langlöcher ausgeführt, damit sich Lok und Tender auch senkrecht zueinander bewegen können (z. B. bei Gleisunebenheiten).

Das Hängeeisen verbindet den Aufwurfhebel mit der Schieberschubstange.

Foto: Dirk Endisch

Es gibt verschiedene Möglichkeiten, den Hauptluftbehälter unterzubringen. Bei der 99 6101 fand der 400 Liter große Hauptluftbehälter an der Führerhausrückwand seinen Platz. Foto: Dirk Endisch

Hauptluftbehälter: Der Hauptluftbehälter speichert die zum Betrieb der Bremsen und der Hilfseinrichtungen (z. B. Sandstreuer, Läutewerk) notwendige Druckluft. Die meisten regelspurigen Dampflokomotiven sind meist mit zwei jeweils 400 Liter großen Hauptluftbehältern ausgerüstet. Die Hauptluftbehälter müssen immer so angeordnet werden, dass sie vom Fahrtwind gekühlt werden.

Hardy-Bremse: ⇨ Saugluftbremse

Heißdampf: Als Heißdampf wird überhitzter Dampf bezeichnet, der in der Regel eine Temperatur zwischen 300 und 450° C hat.

Heißdampfregler: ⇨ Regler

Heizfläche: Als Heizfläche wird die wasserberührte Fläche eines Kessel bezeichnet. Die Gesamtheizfläche gliedert sich in die Feuerbüchsheizfläche (auch Strahlungs- oder direkte Heizfläche genannt) und die Rohrheizfläche (auch Berührungs- oder indirekte Heizfläche genannt). Die Rohrheizfläche wird zudem nach Heizrohr- und

Rauchrohrheizfläche unterschieden. Die größte Verdampfungsleistung erbringt die Feuerbüchsheizfläche, die rund sechsmal höher ist als die Rohrheizfläche.

Heizflächenbelastung: Die Heizflächenbelastung bezeichnet die Dampfmenge, die ein Kessel auf einem Quadratmeter Heizfläche pro Stunde (kg/m^2h) erzielen kann. Den Höchstwert bezeichnet man als Kesselgrenze. Die DRG setzte für ihre Einheitsloks eine maximale Heizflächenbelastung von 57 kg/m^2h fest. Die Verbrennungskammer-Kessel der DB und DR hingegen erreichten eine Heizflächenbelastung von 70 bis 80 kg/m^2h. Die maximale Heizflächenbelastung kann zwar zeitweise überschritten werden, bei einem längeren Betrieb jedoch treten Kesselschäden auf.

Heizrohr: Das Heizrohr stellt wie das ⇨ Rauchrohr eine Verbindung zwischen der Feuerbüchse (Feuerbüchsrohrwand) und der Rauchkammer (Rauchkammerrohrwand) her. Dabei werden die beiden Rohrwände gleichzeitig versteift. Durch das wasserumspülte Heizrohr strömen die Rauchgase, die dabei ihre Wärme an das Kesselwasser abgeben. Die Anzahl der Heizrohre hängt von der notwendigen ⇨ Heizfläche ab. Der Durchmesser ist von der Rohrlänge, also dem Abstand zwischen den Rohrwänden, abhängig. Heizrohre haben im Vergleich zu ⇨ Rauchrohren einen deutlich kleineren Durchmesser.

Heusinger-Steuerung: Die 1850 von Eduard Heusinger von Waldegg (1817–1886) erfundene Steuerung konnte sich zunächst in Deutschland nicht durchsetzen. Zwar lieferte Borsig 1866 die erste Dampflok mit einer Heusinger-Steuerung, doch die Bahngesellschaften gaben zunächst noch der ⇨ Allan-Steuerung den Vorzug. Erst Jahre später konnte sich die einfache und übersichtliche Steuerung, die nur einen Schwingenantrieb benötigte, durchsetzen.

**Die Heusinger-Steuerung der 75 1118:
Die Tenderlok besitzt eine Kuhnsche Schleife.**

Foto: Dirk Endisch

Der Hinterkessel einer 01⁵: Die konische Erweiterung im unteren Teil ist der Verbrennungskammer geschuldet. Foto: Dirk Endisch

Hinterkessel: Der Hinterkessel ist der hintere Teil des konventionellen Kessels der Stephensonschen Bauart. Der Hinterkessel schließt sich an den ⇨ Langkessel an und besteht aus dem ⇨ Stehkessel und der ⇨ Feuerbüchse, die beide durch den Bodenring verbunden sind.

Hubscheibe: Die Hubscheibe ist ein Teil der äußeren Steuerung, das außen oder innen auf der Welle der Treibachse sitzt und zum Antrieb der Steuerung dient. Die ⇨ Allansteuerung benötigte zwei Hubscheiben. Auch bei der ⇨ Heusinger-Steuerung für Innentriebwerke gibt es gelegentlich Hubscheiben, so z. B. für den Steuerungsantrieb des Innenzylinders bei der Baureihe 44.

Hochdruckzylinder: ⇨ Verbundloks besitzen Hoch- und ⇨ Niederdruckzylinder. Bei Vierzylinderverbund-Maschinen sind die deutlich kleineren Hochdruckzylinder meist in der Fahrzeugmitte angeordnet. In den Hochdruckzylindern wird der Dampf im ersten Arbeitshub teilentspannt und dann über den Verbinder den ⇨ Niederdruckzylindern zugeführt.

I

Indikator: Als Indikator bezeichnet man das Messgerät zur Ermittlung der Dampfverteilung im Zylinder. Das Indikator-Gerät wird nur bei Probe- und Abnahmefahrten an die Dampfzylinder angeschlossen. Ein Dreiwegehahn stellt die Verbindung zur vorderen und hinteren Zylinderseite her. Beim so genannten Indizieren, einer langsamen Fahrt mit angezogener Bremse, dokumentiert das Schreibgerät des Indikators auf einer Papierrolle die Dampfverteilung in beiden Zylinderteilen. Ist diese nicht gleichmäßig, muss die Steuerung nachgestellt werden.

Indizieren: ⇨ Indikator

indizierte Leistung: ⇨ Leistung

indizierte Zugkraft: ⇨ Zugkraft

Indusi: »Indusi« ist die Kurzform von »Induktiver Zugsicherung«, einer Einrichtung zur automatischen, punktförmigen Zugüberwachung und -beeinflussung. Die Indusi besteht aus einem Streckenteil – ein in Abhängigkeit vom Signalbild wirksamer oder kurzgeschlossener Gleismagnet – und einem Fahrzeugteil. Die Lok ist mit einem Gleismagneten und einem Dreifrequenzgenerator ausgerüstet. Die Indusi arbeitet mit 200, 500 und 1.000 Hertz Frequenz. Überfährt z. B. ein Lokführer ein Halt zeigendes Signal, löst die Indusi eine Zwangsbremsung aus. Die DB rüstete in den 1960er-Jahren fast alle ihre Dampfloks mit einer Indusi aus. Die

DR hingegen baute die Indusi nur in einige Schnellzugloks ein. Die meisten Museumsloks müssen heute mit einer Indusi ausgerüstet werden, da sie sonst entweder gar nicht oder nur unter Auflagen auf den Gleisen der DB AG verkehren dürfen.

Injektor: ⇨ *Dampfstrahlpumpe*

Innenrahmen: Der Innenrahmen ist die am weitesten verbreitete Bauform des Rahmens. Beim Innenrahmen liegen die Rahmenwangen innerhalb der Räder. Innenrahmen können als ⇨ Barren- oder Blechrahmen gefertigt werden. Im Unterschied zu den Außenrahmen kann der Innenrahmen besser versteift werden.

innere Einströmung: ⇨ *Einströmung*

K

Karl-Schulz-Schieber: ⇨ *Druckausgleich-Kolbenschieber*

Kesselsicherheitsventil: Das Kesselsicherheitsventil gehört zur Feinausrüstung des Kessels und verhindert das Überschreiten des zulässigen Betriebsdrucks. Ist der zulässige Kesseldruck überschritten, lässt das Kesselsicherheitsventil so lange Dampf ins Freie, bis der eingestellte Druck wieder erreicht ist. Dann schließt das Ventil sofort wieder. Jeder Kessel muss mindestens zwei Kesselsicherheitsventile besitzen, die verplombt sein müssen.

In Deutschland wurden mehrere Bauarten verwendet. Die wohl bekanntesten Kesselsicherheitsventile sind die der Bauart *Ackermann*. Mit dem kompakten, quaderförmigen Ventilen sind die meisten deutschen Dampfloks ausgerüstet.

Das Kesselsicherheitsventil der Bauart *Coale* war im Vergleich zum Ackermann-Ventil deutlich höher und mit einer Druckfeder für die Ventilsitzpressung ausgerüstet. Allerdings schloss das Ventil erst recht spät und blies daher sehr lange ab. Die DRG ersetzte die Coale-Ventile deshalb durch die der Bauart Ackermann.

Charakteristisch für das von John *Ramsbottom* (1814–1897) entwickelte Ventil war die U-Röhre. Zwei Spannfedern drückten die Auslassventilteller auf den Sitz. Die Federn griffen an einen Traghebel, der mittels einer Spannschraube einen so genannten Belastungshebel niederdrückte. Der Belastungshebel diente dabei gleichzeitig als Hebel zur Ventilprobe. Auf der gegenüberliegenden Seite des Hebels war ein Ausgleichgewicht angebracht.

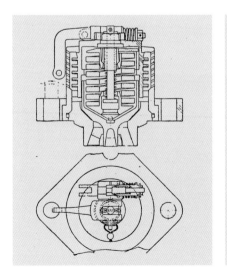

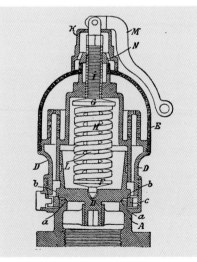

Links: Schnitt durch ein Kesselsicherheitsventil der Bauart Ackermann. Zeichnung: Archiv Dirk Endisch

Rechts: Schnitt durch ein Kesselsicherheitsventil der Bauart Coale. Zeichnung: Archiv Dirk Endisch

Das vornehmlich von der Preußischen Staatsbahn benutzte Ventil war zwar sehr zuverlässig, hatte aber einen entscheidenden Nachteil: Während des Abblasens konnte durch den zu geringen Ventilhub der Druck im Kessel weiter steigen.

Kipprost: Als Kipprost wird der Teil des ⇨Rostes bezeichnet, der zum Entschlacken nach unten geklappt werden kann. Der Kipprost sitzt meist in der Rostmitte und wird über eine Handspindel vom Führerstand aus bedient. Bereits Anfang des 20. Jahrhunderts führten die Länderbahnen in Deutschland den Kipprost ein. Allerdings konnten Loks mit kleineren Rostflächen (z. B. bei vielen Schmalspurloks) nicht mit einem Kipprost ausgerüstet werden. Hier musste dann der Heizer die Schlacke mit speziellen Eisenschaufeln vom Rost entfernen.

Klien-Lindner-Hohlachse: Ewald Richard Klien (1841–1917) und Heinrich Robert Lindner (1851–1933) entwickelten die nach ihnen benannte seitenverschiebbare Kuppelachse. Die Konstruktion bestand aus einer fest im ⇨Außenrahmen gelagerten, seitlich nicht verschiebbaren und in der Mitte kugelförmig ausgebildeten Kurbelwelle, die auch den Kurbelzapfen trug. Die Räder hingegen saßen auf einer Hohlachse, durch die die Kurbelwelle hindurch führte. Die Hohlachse konnte sich verschieben und radial einstellen; Schrauben-

federn dienten als Rückstellvorrichtung. Die Klien-Lindner-Hohlachse zeichnete sich durch ihren sehr ruhigen Lauf aus, war aber in der Wartung recht teuer. Vor allem Schmalspurloks wurden mit Klien-Lindner-Hohlachsen ausgerüstet (z. B. 99 4532, inzwischen aber ausgebaut).

Klose-Triebwerk: Der Obermaschinenmeister der Königlich Württembergischen Staatsbahnen Adolph Klose (1844–1923) entwickelte 1884 das nach ihm benannte kurvenbewegliche Triebwerk. Zwei so genannten Parallelogrammlenker auf jeder Triebwerksseite ermöglichten die notwendige Längenänderung bei der Kurvenfahrt. An die Parallelogrammlenker griffen die Kuppelstangen der Endradsätze an. Das Klose-Triebwerk bestach zwar durch seinen guten Kurvenlauf, war jedoch durch die vielen Lager und Gelenke in der Unterhaltung sehr teuer und konnte sich deshalb nicht durchsetzen.

Knorr-Bremse: ⇨Druckluftbremse

Knorr-Läutewerk: ⇨Läutewerk

Knorr-Vorwärmer: ⇨Oberflächenvorwärmer

Kohlekasten: Vorratsbehälter für den Brennstoff der Dampfloks. Bei Schlepptender-Maschinen ist der Kohlekasten in der Mitte des ⇨Wasserkastens

Der Kipprost sitzt auf einer Welle, die meist vom Führerstand aus betätigt wird. Foto: Dirk Endisch

Der Kohlekasten der Schmalspurloks der Baureihe 99$^{23-24}$ fasst vier Tonnen Brennstoff. Foto: Dirk Endisch

des ➪ Schlepptenders eingebaut oder aufgesetzt. Bei Tenderlokomotiven befindet sich der Kohlekasten entweder hinter oder links vor dem Führerhaus.

Kolbenschieber: Der Kolbenschieber ist ein Teil der inneren ➪ Steuerung. Er besteht aus zwei ringförmigen, auf der Kolbenstange befestigten Kolbenkörpern. Federnde Ringe dichten den Kolbenschieber gegen die Laufbuchse des Schieberkastens ab. Der Kolbenschieber ist ein so genannter entlasteter Schieber, da der Dampfdruck von beiden Seiten gleichmäßig stark auf die Schieberkörper wirkt. Heißdampfloks sind ausschließlich mit Kolbenschiebern ausgerüstet. Zum Druckausgleich im Leerlauf werden für *Regelkolbenschieber* zusätzliche ➪ Druckausgleicher benötigt. Ein Weiterentwicklung der Kolbenschieber stellen die ➪ Druckausgleich-Kolbenschieber dar.

Kolbenspeisepumpe: ➪ *Speisepumpe*

Körtingbremse: ➪ *Saugluftbremse*

Krauss-Helmholtz-Lenkgestell: Georg Ritter von Krauss (1826–1906) und Richard von Helmholtz (1852–1934) entwickelten 1888 das nach ihnen benannte kurvenbewegliche Laufwerk. Bei ihrer Kon-

struktion werden eine seitenverschiebbare ➪ Laufachse und eine seitenverschiebbare Kuppelachse mit einer Deichsel verbunden, die drehbar an einem Zapfen am Rahmen befestigt ist. Das Krauss-Helmholtz-Lenkgestell ist eine Kombination aus einer radial einstellbaren Laufachse und einer parallelverschiebbaren Kuppelachse. Bei der Einfahrt in den Gleisbogen laufen die Räder des Krauss-Helmholtz-Lenkgestells entweder an der Außenschiene (bei vorauslaufendem Gestell) oder an der Innenschiene (bei nachlaufendem Gestell) an. Es besticht durch seine sehr guten Laufeigenschaften.

Krausscher Wasserkasten: ➪ *Wasserkasten*

Kreuzkopf: Der Kreuzkopf stellt eine bewegliche Verbindung zwischen der Kolben- und der Treibstange her. Er wandelt die Horizontalbewegung des Kolbens in die Drehbewegung um. Der Kreuzkopf wird entweder ein- oder zweischienig auf der ➪ Gleitbahn geführt. Ein eingepresster Keil verbindet den Kreuzkopf mit der Kolbenstange. Die Treibstange hingegen wird durch einen Bolzen gehalten.

Kuhnsche Schleife: Die Kuhnsche Schleife ist eine Teil der ➪ Heusinger Steuerung. Bei der von Michael Kuhn (1851–1903) entwickelten Bauform entfällt das ➪ Hängeeisen. Stattdessen greift der Aufwurfhebel direkt in die nach hinten verlängerte ➪ Schieberschubstange, die mit einem speziellen Führungsschlitz – der Schleife – versehen ist. Die Kuhnsche Schleife wurde in erster Linie bei Tenderlokomotiven verwendet.

Kuppelkasten: Der aus Blechen zusammengenietete oder geschweißte Kasten (selten Stahlgussstück) nimmt das zur Verbindung von Lok und Tender notwendige ➪ Hauptkuppeleisen und die beiden ➪ Notkuppeleisen sowie die dazugehörigen Bolzen auf. Der Kuppelkasten bildet bei Schlepptendermaschinen die hintere Rahmenverbindung.

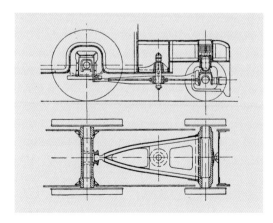

Schema des Krauss-Helmholtz-Gestells.

Zeichnung: Archiv Dirk Endisch

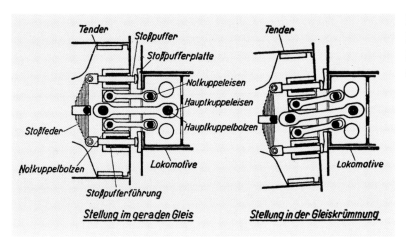

Lage der Haupt- und Notkuppeleisen im Kuppelkasten. Zeichnung: Archiv Dirk Endisch

Der im vorderen Teil des Tenders befindliche Kuppelkasten besitzt zwei Stoßpuffer mit keilförmigen Köpfen, die durch Blattfedern gegen die Stoßpufferplatten am Kuppelkasten der Lok gedrückt werden. Die Stoßpuffer dämpfen die Dreh- und Schlingerbewegungen der Lok. Die Federn besitzen eine Vorspannung von rund 8 Mp.

Kuppelstange: Die Kuppelstange überträgt das Drehmoment vom Treibzapfen auf die Kuppelräder. Einfache bzw. geringer belastete Kuppelstangen bestehen aus einfachen Walzprofilen. Damit die für größere Kräfte benötigten Kuppelstangen nicht zu schwer werden, wurden sie I-förmig ausgefräst. Der Stangenkopf der Kuppelstangen umgreift den

Kuppelzapfen. Im Stangenkopf ist meist ein nicht nachstellbares Buchsenlager (Gleitlager) eingebaut.

Kuppelzapfen: Der Kuppelzapfen wird in die dafür vorgesehenen Bohrungen der Kuppelachsen eingepresst. Sie haben einen deutlich geringeren Durchmesser und sind meist kürzer als der ⇨Treibzapfen. Auf dem Kuppelzapfen, der das Drehmoment auf die Achse überträgt, sitzt die ⇨Kuppelstange. Bei Zweizylinderlokomotiven sind die Kuppelzapfen der rechten und linken Maschinenseite um 90° versetzt.

L

Langkessel: Als Langkessel wird der mittlere Teil des konventionellen Kessels der Stephensonschen Bauart bezeichnet. Der Langkessel sitzt zwischen der ⇨ Rauchkammer und dem ⇨ Hinterkessel und besteht aus den ⇨ Heiz- und der ⇨ Rauchrohren. Auf dem Langkessel sitzen der ⇨ Dampf- und entweder der Speisedom oder die Kesselspeiseventile.

Laufachse: ⇨*Laufradsatz*

Lastausgleich: Um einen ruhigen Lauf zu erreichen und eventuelle Unebenheiten des Gleises

Die 97 501 besitzt geteilte Kuppelstangen, damit sich die Radsätze in den Kurven verschieben können. Foto: Dirk Endisch

auszugleichen, wurden die ⇨ Tragfedern mit ⇨Ausgleichhebeln zu einer Federgruppe zusammengefasst. So waren immer mehrere Federn an der Be- oder Entlastung einer Achse beteiligt. Die einzelnen Federgruppen wurden in einigen Fällen auch durch Querausgleichhebel verbunden. Jede Federgruppe bildete dabei einen Abstützpunkt des Rahmens auf dem Laufwerk.

Latowski-Läutewerk: ⇨*Läutewerk*

Laufblech: Das Laufblech wird auch als *Umlauf* bezeichnet. Er besteht aus einem Blech links und rechts des Kessels. Auch die Verkleidung vor der Rauchkammer gehört dazu. Das Laufblech besitzt Trittstufen, die das Besteigen des Kessel ermöglichen. Der Umlauf besteht oft aus Riffelblech oder Streckmetall. Bei Tenderlokomotiven ist der Umlauf meist recht kurz. Hier dienen häufig die seitlichen Wasserkästen als Laufblech.

Laufradsatz: Als Laufradsatz oder Laufachse werden alle nicht angetriebenen Räder einer Dampflok bezeichnet. Laufradsätze waren dann notwendig, wenn die vorhandenen Kuppelachsen nicht ausreichten, um das Gesamtgewicht der Lok bei der zulässigen Achsfahrmasse aufzunehmen. Als vorderer Laufradsatz dienten in der Regel eine Achse oder ein zweiachsiges Drehgestelle. Hintere Laufradsätze konnten hingegen aus einer Achse oder zwei- und dreiachsigen Drehgestellen bestehen.

Läutewerk: Für den Einsatz auf Nebenbahnen mit zahlreichen unbeschrankten Bahnübergängen erhielten Dampflokomotiven neben der obligatorischen Pfeife noch ein Läutewerk. Zu den gebräuchlichsten gehörten in Deutschland das Dampfläutewerk der Bauart *Latowski* und das Druckluftläutewerk der Bauart *Knorr*. Typisch für das Latowski-Läutewerk ist der große Klöppel, der von einem dampfgesteuerten Ventil angehoben wird. Hat das Ventil den höchsten Hub erreicht, entweicht der Dampf und

Bei der 99 582 sitzt das Dampfläutewerk der Bauart Latowski zwischen dem oberen Spitzenlicht und dem Schornstein. Deutlich ist der Klöppel zu erkennen.
Foto: Dirk Endisch

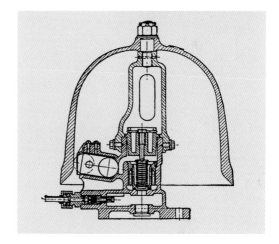

Schnitt durch ein Druckluftläutewerk der Bauart Knorr. Zeichnung: Archiv Dirk Endisch

der Klöppel fällt durch sein Eigengewicht herunter und trifft auf die Glocke. Beim Knorr-Läutewerk hingegen wird eine Stahlkugel von innen mittel Druckluft gegen die Glocke geschleudert.

Leistung Die Leistung einer Dampflok hängt nicht nur von ihrer Konstruktion ab. Das Können des Personals, der Zustand der Lok und die Qualität des zur Verfügung stehenden Brennstoffes haben im täglichen Betrieb einen maßgeblichen Einfluss. Bei Dampfloks unterschiedet man zwischen der *indizierten* und der *effektiven* Leistung. Die indizierte Leistung wird im Zylinder ermittelt und in PS_i

145

angegeben. Die effektive Leistung ist die am Zughaken ermittelte (PS$_e$). Sie ist immer kleiner als die indizierte Leistung, was aus den Reibungsverlusten des Triebwerks und dem Fahrwiderstand der Lok resultiert.

Lentz-Ventilsteuerung: ⇨ *Ventilsteuerung*

Lichtmaschine: ⇨ *Turbogenerator*

Lösche: Als Lösche werden die in der Rauchkammertür anfallende Flugasche und unverbrannten Kohleteilchen bezeichnet. Die während der Fahrt anfallende Lösche muss in regelmäßigen Abständen mit Hilfe der Rauchkammerspritze genässt werden. Beim Restaurieren der Lok wird dann die Lösche entfernt (»gezogen«).

Luftpumpe: Zur Erzeugung der notwendigen Druckluft (Bremse und Hilfsbetriebe) dienen dampfbetriebene Luftpumpen. Die Luftpumpe besteht im Wesentlichen aus zwei Teilen, dem Dampfkolben und dem Luftverdichter. Je nach Bauart werden *einstufige, zweistufige* und ⇨ Doppelverbundluftpumpen unterschieden. Eine einstufige Pumpe saugt die Luft an und verdichtet sie gleich auf 8 kp/cm^2. Bei der zweistufigen Luftpumpe hingegen wird die

Luft im Niederdruckzylinder angesaugt, auf 2 kp/cm^2 vorverdichtet und dann in den kleineren Hochdruckzylinder geleitet. Im zweiten Arbeitsgang wird die Luft hier auf 8 kp/cm^2 komprimiert. Zweistufige Luftpumpen können in der Minute bis zu 1.400 l Luft ansaugen, einstufige Luftpumpen schaffen hingegen nur 800 l.

Luftsaugeventil: Das Luftsaugeventil saß entweder am ⇨ Einströmrohr oder am ⇨ Dampfzylinder. Der Lokführer betätigte das Ventil mittels Druckluft vom Führerstand aus bei geschlossenem Regler. Über das Luftsaugeventil gelangte im Leerlauf Frischluft in die Zylinder. Beim Öffnen des Reglers schloss der einströmende Dampf das Luftsaugeventil automatisch.

Luttermöller-Antrieb: Gustav Luttermöller (1868–1954) erfand 1915 eine unkonventionelle Art für den Antrieb von Endradsätzen. Luttermöller verzichtete auf die ⇨ Kuppelstangen und entwickelte einen speziellen Zahnradantrieb, der das Drehmoment auf die Endachsen übertrug. Das Zahnradgehäuse diente dabei gleichzeitig als Deichsel. Der Luttermöller-Antrieb bestach durch seine Laufruhe und den sehr guten Kurvenlauf. Allerdings war er in der Fertigung und im Unterhalt relativ teuer. Für höhere Geschwindigkeiten erwies sich der Antrieb nur bedingt geeignet.

Die zweistufige Luftpumpe der 99 4801 fand links neben der Rauchkammer Platz. Links neben der vorderen Laufachse ist ein Hauptluftbehälter zu erkennen.

Foto: Dirk Endisch

M

Mallet-Lokomotive: Der Schweizer Ingenieur Anatole Mallet (1837–1919) meldete 1874 das Patent für seine Gelenklokomotive an. Zwar besitzt die Mallet-Maschine wie die ⇨ Meyer-Lokomotive zwei Triebwerke, allerdings ist deren hinteres Hochdrucktriebwerk fest mit dem Rahmen verbunden. Lediglich das vordere Niederdrucktriebwerk ist beweglich gelagert. Dadurch konnten die beweglichen, dampfführenden Leitungen auf den Niederdruckteil beschränkt bleiben. In Deutschland nutz-

Der Hauptrahmen der Mallet-Lok 99 5901: Deutlich sind die Auflagen für die Rauchkammer und den Langkessel zu sehen. Foto: Dirk Endisch

Der Rahmen des vorderen Drehgestells der 99 5901. Am rechten Rahmenende sind die Laschen zu sehen, mit dem das Drehgestell der Mallet-Maschine im Hauptrahmen fixiert wird.
Foto: Dirk Endisch

klappen Luft in die Feuerbüchse angesaugt; gleichzeitig kühlt die Luft das Feuerloch.

Massenausgleich: Unter Massenausgleich versteht man das Austarieren der von den hin- und hergehenden Teilen des Triebwerkes erzeugten Kräfte, damit die Lok einen weitgehend ruhigen Lauf erreicht. Die umlaufenden Massen, also die von Kuppelzapfen und -kuppelstangen erzeugten Kräfte werden durch die Gegengewichte in den Kuppelachsen ausgeglichen. Die von den hin- und hergehenden Teilen, wie Kolben, Kolbenstange, Kreuzkopf, Steuerung und teilweise Treibstange ausgehenden Kräfte können bei Zweizylinder-Maschinen nur zwischen 25 und 30 Prozent ausgeglichen werden. Bei einem Vierzylinder-Triebwerk hingegen gleichen sich die Kräfte von selbst aus.

Meyer-Lokomotive: Der Elsässer Ingenieur Jean Jacques Meyer (1804–1877) erwarb 1861 das Patent einer Gelenklokomotive mit zwei beweglichen Triebwerken. Er überarbeitete die Konstruktion und stellte 1868 die erste Meyer-Lok vor. Im Unterschied zur ➪ Mallet-Lok ruht der Kessel der Meyer-Maschine auf einem Brückenrahmen, der sich auf zwei beweglichen Drehgestellen abstützt. Die Zylinder liegen in der Mitte des Fahrzeugs. Die hinteren Hochdruck-Zylinder sind durch flexible

ten zahlreiche Schmalspurbahnen das Mallet-Triebwerk. Bei den Harzer Schmalspurbahnen sind noch einige dieser Loks im Einsatz. Zwar bestachen die Mallet-Loks durch ihren guten Kurvenlauf, dagegen überzeugte weder ihre Laufruhe bei Rückwärtsfahrten noch der hohe Instandhaltungsaufwand.

Marcotty-Feuertür: Die von Franz Marcotty (1845 –1920) entwickelte Klapp-Feuertür vermindert die Rauchentwicklung. Durch links und rechts der Feuertür angebrachte Kanäle wird durch Drossel-

Bei der Meyer-Lok 99 561 stützt sich der Brückenrahmen auf den beiden Drehgestellen ab.
Foto: Dirk Endisch

Leitungen mit den vorderen Niederdruck-Zylindern verbunden. Die Meyer-Loks besaßen einen sehr guten Kurvenlauf, doch bei höheren Geschwindigkeiten neigte die Lok zum Schlingern. Zudem verursachten die Maschinen recht hohe Instandhaltungskosten, trotzdem war die Sächsische Staatseisenbahn mit den Leistungen ihrer schmalspurigen Meyer-Loks der Gattung IV K (Baureihe 99[51-60]) sehr zufrieden. Auch nach über 100 Jahren sind einige dieser Loks noch heute betriebsfähig.

Michalk-Schmierpumpe: Zu den ältesten Zentralschmierungen für unter Dampf gehende Teile gehört die Michalk-Schmierpumpe, mit denen die DRG ab 1922 alle von ihr übernommenen Länderbahnloks ausrüstete. Die Pumpe besteht aus drei ovalen Vorratsbehältern aus Glas und dem darunter liegenden Antrieb. Über ein Hebelgestänge wird die Michalk-Schmierpumpe angetrieben. Neben dieser so genannten *Einheitsschmierpumpe* gibt es noch die *Michalk-Hochleistungs-Ölschmierpumpe Bauart JM.* Diese besteht aus einem rechteckigen Vorratsbehälter aus Metall und dem ebenfalls darunter angeordneten Antrieb. Mit der so genannten JM-Pumpe rüstete die DR ihre Neubau-Dampfloks aus.

Mischvorwärmer: Ende der 1930er-Jahre entstanden die ersten Mischvorwärmer. Im Unterschied zum ⇨Oberflächenvorwärmer wird bei diesem Vor-

Typisch für die Reko- und Neubau-Dampfloks der DR ist der große Mischkasten der Mischvorwärmeranlage vor dem Schornstein. Am 26. Juli 2002 stand die 23 1097 in Glauchau unter Dampf.

Foto: Dirk Endisch

wärmer ein Teil des Maschinenabdampfes und der Abdampf der Hilfsbetriebe in einen mit Wasser gefüllten Kasten geleitet. Dort kondensiert der Abdampf und vermischt sich mit kaltem Wasser. Das etwa 95° C heiße Wasser wird dann mit Hilfe einer ⇨ Kolbenspeisepumpe in den Kessel eingespeist. Durch die Kondensation des Abdampfes vergrößert sich der Aktionsradius der Lok. Bundes- und Reichsbahn rüsteten fast alle ihre Neubau-, Umbau- und Rekoloks mit einem Mischvorwärmer aus. Die bei der DR übliche Anlage der Bauart IfS saß in der Rauchkammer vor dem Schornstein. Der große im oberen Teil abgeschrägte Mischkasten gab den Reichsbahn-Maschinen ein unverwechselbares Aussehen.

Müller-Schieber: ⇨*Druckausgleich-Kolbenschieber*

N

Nadelschmierung: Die Badische Staatsbahn führte zuerst diese Art der Schmierung für die Stangenlager ein. Im Schmiergefäß auf dem Stangen-

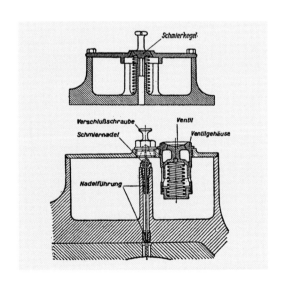

Schnitt durch ein Schmiergefäß mit Nadelschmierung älterer (oben) und neuerer Bauart (unten).

Zeichnung: Archiv Dirk Endisch

kopf hängt im Schmierloch eine Schmiernadel. Sie reguliert die Ölmenge. Die Stärke der Ölnadel ist von der Jahreszeit abhängig; die so genannte Sommernadel ist stärker als die Winternadel.

Nassdampf: Als Nassdampf oder *Sattdampfv* bezeichnet man den bei Siedetemperatur erzeugten Wasserdampf. Der Nassdampf enthält im Gegensatz zum ⇨Heißdampf noch immer Wassertröpfchen. Die meisten Hilfseinrichtungen (z. B. Luft- und Speisepumpe) werden mit Nassdampf betrieben.

Nassdampfregler: ⇨*Regler*

Niederdruck-Zylinder: Als Niederdruck-Zylinder bezeichnet man die Zylinder einer ⇨Verbundlok, in denen der Dampf ein zweites Mal entspannt wird. Die Niederdruck-Zylinder besitzen gegenüber den ⇨Hochdruckzylindern einen deutlich größeren Durchmesser und sind meist außen am Rahmen befestigt.

Nicolai-Schieber: ⇨ *Druckausgleich-Kolbenschieber*

Notbremse: Die Notbremse spricht sofort an, wenn an einer beliebigen Stelle des Zuges die Hauptluftleitung belüftet bzw. getrennt wird. Alle luftgebremsten Fahrzeuge sind mit einer Notbremse ausgerüstet. Auf Lokomotiven befindet sich der Notbremshahn meist unter dem Führerbremsventil. Der Hahn darf nur betätigt werden, wenn das Führerbremsventil während der Fahrt ausfällt.

Notkuppeleisen: Links und rechts neben dem ⇨Hauptkuppeleisen sitzen im ⇨ Kuppelkasten die beiden Notkuppeleisen. Die etwas längeren Notkuppeleisen liegen locker im Kuppelkasten und werden erst nach Bruch des Hauptkuppeleisens belastet.

O

Oberflächenvorwärmer: Der Oberflächenvorwärmer, auch Knorr-Vorwärmer genannt, dient wie der ⇨Mischvorwärmer zur Vorwärmung des Kesselspeisewasser. Allerdings funktioniert der Oberflächenvorwärmer wie ein Wärmetauscher. Der

Das Rohrbündel eines Oberflächenvorwärmers der Bauart Knorr. Foto: Dirk Endisch

Bei den meisten Einheitsloks liegt der Oberflächenvorwärmer der Bauart Knorr in einer Rauchkammernische vor dem Schornstein, so auch bei der 99 749. Unterhalb des Vorwärmers ist die Kolbenspeisepumpe zu erkennen. Foto: Dirk Endisch

Abdampf der Maschine und der Hilfsbetriebe strömt durch ein Kupfer-Rohrbündel, das von Wasser umflossen wird. Dabei gibt es seine Wärme an dieses Wasser ab. Das dadurch vorgewärmte Wasser wird von einer Kolbenspeisepumpe in den Kessel gedrückt. Der Oberflächenvorwärmer hat einen deutlich geringeren Wirkungsgrad als der Mischvorwärmer. Außerdem kann das Kondensat nicht genutzt werden. Es wird meist in den Aschkasten geleitet.

Ölhauptfeuerung: Der französische Ingenieur S. Cl.-Deville stellte 1868 die erste funktionstüchtige Ölhauptfeuerung vor. In Ländern mit großen Erdölvorkommen, wie den USA, Russland oder Rumänien, wurden schließlich in der ersten Hälfte des 20. Jahrhunderts zahlreiche Maschinen entsprechend ausgerüstet. Bei der DB erhielten in den 1950er-Jahren einige der besonders hoch belasteten Dampfloks eine Ölhauptfeuerung, die DR begann 1963 mit dem Serienumbau. Bei den ölgefeuerten Maschinen entfielen der ⇨ Rost und der ⇨ Aschkasten, die durch einen Feuerkasten mit dem Luftzuführungskasten ersetzt wurden. Die ⇨ Feuerbüchse wurde teilweise mit Siliziumkarbid-Steinen ausgemauert und der Feuerschirm verlängert. Während die DB die beiden Brenner am tiefsten Punkt des Stehkessels montierte und damit die Flammen in Richtung Feuertür zeigten, baute die DR die beiden Brenner unterhalb der Feuertür ein. Das im kalten Zustand teerähnliche Heizöl lagerte in einem Tank im ⇨ Kohlekasten. Das vorgewärmte schwere Heizöl wurde in den Brennern mit Dampf zerstäubt. Die Ölhauptfeuerung besaß viele Vorteile: So konnte die Dampferzeugung exakt auf die notwendige Maschinenleistung angepasst werden. Die Höchstleistung war nun ständig verfügbar. Der höhere Kesselwirkungsgrad und ein kleiner Leistungsgewinn waren weitere positive Nebeneffekte. Für den Heizer entfiel die schwere körperliche Arbeit und er konnte mehr in die Streckenbeobachtung eingebunden werden. Außerdem konnten Auf- und Abrüstzeiten spürbar gekürzt werden. Da sich der Aktionsradius der Loks durch den höheren Brennwert des Heizöls vergrößerten, konnten die Umläufe verlängert werden.

P

Pendelblech: Das Pendelblech dient bei Dampfloks mit hoher Kessellage als Verbindung zwischen dem Rahmen und dem ⇨ Langkessel. Das relativ dünne Blech kann sich der Längenausdehnung des Kessels anpassen. Bei einem betriebswarmen Zustand des Kessels steht das Pendelblech senkrecht.

Das Pendelblech stellt eine flexible Verbindung zwischen dem Langkessel und dem Rahmen her.
Foto: Dirk Endisch

Pop-Ventil: ⇨ *Kesselsicherheitsventil*

Prallblech: Zur Verbesserung des ⇨ Funkenfängers der Bauart Holzapfel rüstete die DR in den 1950er-Jahren ihre Dampfloks mit einem Prallblech aus. Die leicht gebogene Blechplatte hängt an der Rückseite des Funkenfängers und verhindert den Auswurf glühender Kohleteilchen.

Puffer: Der Puffer hat die Aufgabe, alle während der Fahrt und des Rangierens auftretenden horizontalen Stöße aufzufangen. Bei der Dampflok hat der linke Puffer einen flachen Teller, während der rechte gewölbt ist. Sowohl bei den älteren *Stangen-* als auch bei den neuen *Hülsenpuffern* fangen starke Ring- oder Wickelfedern die Stoßenergie auf. Die Puffer werden an den Pufferträger angeschraubt.

Pufferträger: Der auch als *Pufferbohle* bezeichnete Pufferträger bildet bei Schlepptenderloks die vordere Rahmenverbindung. Tenderloks besitzen auch hinten einen Pufferträger. Die Pufferträger der Einheits-, Neubau- und Rekoloks bestehen aus einem massiven u-förmigen Blech, das mit geschmiedeten Befestigungsstücken mit dem Rahmen verschraubt wird. Der Pufferträger ist so ausgelegt, dass er bei Auffahrunfällen einen Teil der Energie aufnimmt, ohne das der Rahmen beschädigt wird.

R

Radreifen: Der Radreifen besteht aus vergütetem, sehr hartem Stahl. Der nahtlos gewalzte Radreifen wird erwärmt und dann auf den Radstern aufgezogen. Ein Sprengring sichert den Radreifen, damit er sich nicht verschiebt. Durch das so genannte Schrumpfmaß sitzt der Radreifen fest. Ein neuer Radreifen ist 75 mm stark. Der Radreifen trägt zur Führung des Rades im Gleis einen Spurkranz. Die 1:20 geneigte Lauffläche zentriert während der Fahrt ständig den Radsatz im Gleis.

Ramsbottom-Ventil: ⇨*Kesselsicherheitsventil*

Rauchkammer: Der vordere Abschluss des Kessel wird als Rauchkammer bezeichnet. Die aus einem Schuss gefertigte Rauchkammer ist hinten mit dem Langkessel verbunden und vorne durch eine Tür luftdicht verschlossen. In der Rauchkammer sammeln sich die durch die ⇨Heiz- und ⇨Rauchrohre strömenden Rauchgase und entweichen durch den Schornstein. Das untere Drittel der Rauchkammer ist mit Beton ausgegossen, damit die anfallende ⇨ Lösche nicht zur Korrosionsschäden

Blick in die Rauchkammer der 41 231: Im Vordergrund ist das Abdampfrohr zu sehen: Es leitet Abdampf von den Zylindern in den Mischkasten (oben). Dahinter sind die beiden Einströmrohre zu erkennen. Oberhalb der Rohrwand ist der Dampfsammelkasten angeordnet. Die Überhitzerelemente sowie die Rauch- und Heizrohre wurden für eine anstehende Kesseluntersuchung entfernt.
Foto: Werner Pilkenrodt

führt. Exakt in der Mitte unter dem Schornstein sitzt das ⇨Blasrohr mit dem Hilfsbläser, einem Düsenring, den der Heizer im Stillstand der Lok anstellt.

Rauchkammer-Überhitzer: ⇨*Überhitzer*

Rauchrohr-Überhitzer: ⇨*Überhitzer*

Rauchrohr: Nur Heißdampflokomotiven besitzen Rauchrohre. Wie das ⇨ Heizrohr stellt auch das ⇨Rauchrohr eine Verbindung zwischen der Feuerbüchse (Feuerbüchsrohrwand) und der Rauchkammer (Rauchkammerrohrwand) her und versteift die beiden Rohrwände gleichzeitig. Allerdings haben die Rauchrohre einen deutlich größeren Durchmesser, da sie die Elemente des ⇨ Überhitzers aufnehmen. Die Rauchgase geben deshalb ihre Wärme an die wasserumspülten Rauchrohre und den Überhitzer ab. Die Anzahl der Rauchrohre hängt in erster Linie von der Zahl der notwendigen Überhitzer-Elemente ab.

Regler: Mit dem Regler bestimmt der Lokführer die Menge Dampf, die aus dem Kessel in die Zylinder gelangt. Die ersten Loks besaßen die relativ einfachen *Flachschieberregler*, die aber mit dem Ansteigen des Kesseldrucks nicht mehr verwendet werden konnten. Der *Nassdampf-Ventilregler* der Bauart Schmidt & Wagner sitzt im ⇨ Dampfdom und besteht im Wesentlichen aus dem Gehäuse, dem Reglerknierohr, dem Hauptventilkörper, der Entlastungskammer und dem Hilfsventil. Bei geschlossenem Regler lastet der volle Kesseldruck auf dem Hauptventil. Öffnet der Lokführer nun den Regler, wird zuerst das Hilfsventil betätigt und der Dampf strömt aus der Entlastungskammer. Erst jetzt kann das Hauptventil betätigt werden. Der Dampf strömt nun über das Reglerrohr zum ⇨ Dampfsammelkasten. Der Regler wird über ein Gestänge vom Führerstand aus betätigt.

Da in den ersten Minuten nach dem Anfahren die Temperatur des Heißdampfes relativ gering ist, entwickelten DR und DB den *Heißdampfregler*. Hier saß der Regler nicht im ⇨ Dampfdom, sondern zwischen der Heißdampfkammer des ⇨ Dampfsammelkastens und den ⇨ Einströmrohren. Beim Öffnen dieses Reglers stand zwar sofort Heißdampf zur Verfügung, doch eine deutlich Einsparung brachte das nicht. Da die Unterhaltungskosten für den Heißdampfregler deutlich höher als für den herkömmlichen Nassdampf-Ventilregler waren, blieb es nur bei einigen wenigen Maschinen.

Reibungsmasse: Als Reibungsmasse wird die Summe aller Achsfahrmassen der gekuppelten Räder bezeichnet. Die Reibungsmasse hat wesentlichen Einfluss auf die mögliche ⇨ Zugkraft bzw. Bremskraft.

Riggenbach-Gegendruckbremse: ⇨ *Gegendruckbremse*

Rohrlaufen: Undichtigkeiten an den Rohrwänden und den ⇨ Heiz- und ⇨ Rauchrohren werden als Rohrlaufen bezeichnet. Wasser dringt (»läuft«) ent-

weder in die ⇨ Feuerbüchse oder in die ⇨ Rauchkammer, was mit einem deutlichen Leistungsverlust verbunden ist. Eine Ursache für undichte Rohrwände kann eine länger anhaltende Überlastung des Kessels sein.

Rohrwand: Der ⇨ Langkessel wird vorn und hinten von jeweils einer Rohrwand abgeschlossen, in der die ⇨ Heiz- und ⇨ Rauchrohre enden. Man unterschiedet die *Rauchkammer-* und die *Feuerbüchsrohrwand*. Die aus weichem Stahl nahtlos gewalzten Heiz- und Rauchrohre verjüngen sich am Durchgang durch die Feuerbüchsrohrwand und werden dort je nach Material der Rohrwand eingewalzt (Kupfer) oder eingeschweißt (Stahl). In der Rauchkammerrohrwand hingegen werden die Rohre aufgeweitet.

Rollenlager: Da Rollreibung deutlich geringer ist als Gleitreibung, experimentierte man bereits in den 1930er-Jahren mit Rollenlagern. Die auch als »Wälzlager« bezeichneten Bauteile besitzen im Unterschied zu den ⇨ Gleitlagern eine Lagerfläche aus kleinen Walzen oder Kugeln. Zunächst rüstete die Reichsbahn einige Achslager (z. B. Tender 2´2´T34 und 2´2´T 28) mit Rollenlagern aus. Nach dem Krieg erhielten einige Neubau- und Umbau-Loks der DB Rollenlager für die Achsen und Stangen. Die fast wartungsfreien Lager sind jedoch teuer in der Beschaffung und empfindlich gegenüber größeren Toleranzen im Lagerspiel.

Rost: Der Rost bildet den unteren Abschluss der ⇨ Feuerbüchse hin zum ⇨ Aschkasten. Auf dem Rost findet die Verbrennung der festen Brennstoffe statt. Der Rost ist normalerweise leicht nach vorne geneigt und besteht aus mehreren Feldern, von denen eines als ⇨ Kipprost ausgebildet ist. Auf den quer angeordneten Rostbalken liegen die Roststäbe, deren Kronen 16 mm breit sind. Die Rostbalken verjüngen sich nach unten, damit sich keine Schlacke- und Ascheteilchen verklemmen könne. Außerdem wird so die Zufuhr der Verbrennungsluft verbessert. Der Abstand zwischen den einzelnen Roststäben misst im Normalfall 14 mm.

Rückschlagventil: Das Rückschlagventil verhindert das Ausströmen von Wasser oder Gasen aus Behältern. Rückschlagventile lassen den Stofffluss nur in eine Richtung zu. Die Durchflussöffnung wird selbsttätig verschlossen. ⇨Hauptluftbehälter sind mit Rückschlagventilen ausgerüstet.

Rückstellvorrichtung: Alle seitenverschiebbaren Radsätze sind mit einer Rückstellvorrichtung versehen, damit die Lokomotiven nach der Kurvenfahrt nicht schlingern. Die ersten Rückstellvorrichtungen waren einfache Hebelkonstruktionen, die aber nur mäßige Ergebnisse lieferten. Später wurden verschiedene Rückstellvorrichtungen mit Schrauben- und Blattfedern entwickelt, die die Radsätze besser in die Mittellage zurückdrückten.

Rußbläser: Bei der Verbrennung entstehen Ruß und Flugasche, die sich in den ⇨ Heiz- und ⇨Rauchrohre ablagern. Diese mussten in den Bahnbetriebswerken aufwändig von den Betriebsarbeitern mit langen Lanzen und Druckluft (»Rohreblasen«) entfernt werden. Abhilfe brachten hier die Rußbläser, die je nach Bauart (Gärtner und IfS) entweder oberhalb der Feuertür in der Stehkesselrückwand oder in den Seitenwänden montiert wurden. Mit einem Dampfstrahl konnten dann die Ablagerungen an der Feuerbüchsrohrwand und in den Rohren entfernt werden.

S

Sandstreuer: Zum Erhöhen der Haftreibung zwischen Rad und Schienen wird feinkörniger Sand verwendet. Der Sandvorrat lagert meist in ein oder zwei Sandkästen, die auf dem Langkessel sitzen. Links und rechts der Sandkästen befinden sich die Sandfallrohre, die zu den Kuppelachsen führen. Meist werden alle Kuppelachsen in der Hauptfahr-

richtung gesandet. Die ersten Sandstreuer musste der Lokführer mittels einer Rüttelstange bedienen. Die Lokfabrik Borsig entwickelte schließlich einen druckluftbetätigten Sandstreuer, der ab 1918 bei fast allen Maschinen verwendet wurde.

Saugluftbremse: Im Unterschied zur ⇨Druckluftbremse wird bei der selbsttätigen Saugluftbremse die Bremskraft durch den Druckunterschied in einem Bremszylinder mit zwei Kammern erzeugt. Die Unterkammer war mit der Hauptluftleitung, die Oberkammer mit dem Hilfsluftbehälter verbunden. Der Kolben besaß eine Doppelventil, das beim Lösen der Bremse das Leersaugen der Oberkammer und des Hilfsluftbehälters ermöglichte. Herrschte in beiden Kammern der gleiche Druck, war die Bremse gelöst. Strömte nun Luft in die Hauptluftleitung, schloss sich das Ventil und der atmosphärische Luftdruck drückte den Kolben nach oben – der Zug wurde gebremst. In Deutschland waren die Saugluftbremsen der Bauart *Hardy* und *Körting* gebräuchlich. Sie unterschieden sich im Bau der Bremszylinder und Luftsauger. Bei der Hardy-Bremse war der Bremshebel schwingend an der Kolbenstange aufgehängt. Ein Rollring dichtete den Kolben zum Zylinder hin ab. Der Sauger bestand aus dem so genannten Kombinationsejektor, bei dem der größere das Vakuum erzeugte und der kleinere es dann konstant hielt.
Bei der Körting-Bremse hingegen war der Bremshebel fest mit der Kolbenstange verbunden. Eine Ledermanschette diente als Dichtung. Der Sauger der Körting-Bremse bestand aus einem größeren und einem kleineren Luftsauger, die jedoch beide deutlich mehr Dampf verbrauchten als die Hardy-Bremse.
Mit der Einführung der ⇨Druckluftbremse wurden Saugluftbremsen nur noch bei Schmalspurbahnen benutzt, da ihre Bremsleistung für die relativ kurzen Züge und die geringen Geschwindigkeiten ausreichten. Heute gibt es nur noch einige wenige saugluftgebremste Museumszüge auf sächsischen Schmalspurbahnen.

Gew. Lok : 58 t
Bremsgew.: 41 t
Wasser : 5,8 m³
Kohle : 4,0 t

Direkt unterhalb des Fichtelberges –
dem höchsten Berg Sachsens – liegt
der Bahnhof Oberwiesenthal. Jahr für
Jahr bringt die Schmalspurbahn Tau-
sende von Touristen von Cranzahl aus
in die höchste deutsche Stadt. Bevor
die Dampfloks wieder in Richtung
Cranzahl aufbrechen, löschen sie vor
dem Lokschuppen in Oberwiesenthal
ihren Durst. So am 16. Februar 2002
die 99 773. Foto: Dirk Endisch

Schadgruppe: Die Eisenbahn-Bau- und Betriebsordnung (EBO) schreibt für die Lokomotiven bestimmte Fristuntersuchungen vor. Die DRG organisierte auf Grundlage dieser Vorschriften die Instandhaltung ihrer Fahrzeuge. Die einzelnen Untersuchungen wurden in Schadgruppen eingeteilt. So musste eine Dampflok alle drei Jahre zur Zwischenuntersuchung (L3), drei Jahre später war dann die von der EBO vorgeschriebene Hauptuntersuchung (L4) fällig. Befand sich die Lok in einem tadellosen Zustand oder war sie nicht oft im Einsatz, konnten die Fristen der L3 und L4 um jeweils ein Jahr verlängert werden. Zwischen einer L 3 und einer L4 waren je nach Zustand der Lok entweder eine oder mehrere Bedarfsausbesserungen (L0) und/oder Zwischenausbesserungen (L2) fällig. Die L0 war dabei kleineren Reparaturen (z. B. Stangen aufarbeiten) vorbehalten. DB und DR übernahmen diese Schadgruppen-Aufteilung und passten sie später ihren Bedürfnissen an. Die DR modifizierte sie nicht so stark wie die DB. Ab 1972 führte die DR die neuen Schadgruppen-Bezeichnungen L5 (Zwischenausbesserung), L6 (Zwischenuntersuchung) und L7 (Hauptuntersuchung) ein. Heute muss das Fahrgestell einer Dampflok alle acht Jahre zur Hauptuntersuchung (HU). Der Kessel darf nach einer HU drei Jahre betrieben werden, dann ist eine Verlängerung um ein Jahr möglich. Nach maximal vier Jahren ist dann wieder eine Kessel-HU fällig.

schädlicher Raum: Als »schädlichen Raum« bezeichnet man den Raum im ⇨ Dampfzylinder, der zwischen der Endstellung des Kolbens und dem Zylinderdeckel verbleibt sowie den Inhalt des dampfführenden Kanals. Das Volumen des schädlichen Raums wird in Prozent (bezogen auf den Hubraum) angegeben. Der schädliche Raum hat entscheidenden Einfluss auf den Dampfverbrauch einer Lok, da er ja erst mit Frischdampf gefüllt werden muss, bevor der Dampf auf den Kolben wirkt. Zudem erhöht der schädliche Raum die Abkühlverluste. Allerdings hat der schädliche Raum Aus-

Typisch für die Einheitsloks der DRG waren die an den Schieberkästen angeschraubten Ausströmkästen, wie hier bei der 41 231. Später wurden die Ausströmkästen meist fest mit den Schieberkästen verbunden. Auf dem Schieberkasten sind außerdem deutlich die blind geflanschten Anschlüsse für die Druckausgleicher zu erkennen.
Foto: Dirk Endisch

wirkungen auf den Massenausgleich, da sein Dampfpolster Kräfte der hin- und hergehenden Kolben und Kolbenstange auffangen.

Schieberkasten: Der Schieberkasten sitzt normalerweise über dem ⇨ Dampfzylinder und ist an diesen angegossen. Der Schieberkasten trägt die Anschlussstutzen für die ⇨ Ein- und ⇨ Ausströmrohre. Im Schieberkasten sitzt außerdem der ⇨ Flach- oder ⇨ Kolbenschieber, der die Dampfverteilung zu den Zylindern regelt.

Schieberschubstange: Die Schieberschubstange ist ein Teil der äußeren Steuerung. Sie verbindet das ⇨ Hängeeisen oder die ⇨ Kuhnsche Schleife über die Schwinge mit dem Voreilhebel. Die Schieberschubstange wird von der Schwingenstange über die Schwinge angetrieben. Wird das Hängeeisen über den Aufwurfhebel gehoben oder gesenkt, verändert sich die Lage der Schieberschubstange. Liegt sie waagerecht, liegt die Steuerung waagerecht. Bei Vorwärtsfahrt liegt die Schieberschubstange bei vorauseilender Steuerung unten, bei Rückwärtsfahrt hingegen oben.

Schiebersteuerung: Bei der Schiebersteuerung steuern ⇨Flach- oder ⇨Kolbenschieber die Ein- und Ausströmung des Dampfes. Bei der ⇨Ventilsteuerung hingegen übernehmen dies Ein- und Auslassventile. Die Ventilsteuerungen konnten sich jedoch in Deutschland nicht durchsetzen.

Schlepptender: Der Schlepptender ist ein antriebsloses, eigenes Fahrzeug, das die Wasser- und Brennstoffvorräte aufnimmt. Der Schlepptender wird mit der Führerhausseite der Lok gekuppelt und dämpft durch eine straffe Verbindung mit der Maschine deren Zuck- und Schlingerbewegungen. Die Größe des Tender richtet sich meist nach dem Wasser- und Brennstoffbedarf des Fahrzeuges. Gelegentlich können auch betriebliche Bedingungen (z. B. Länge der Drehscheibe) eine Rolle spielen.

Schlingerkeil: ⇨*Schlingerstück*

Schlingerstück: Da sich der Kessel während des Betriebes ausdehnt und beim Abkühlen zusammenzieht, kann er nur an einer Stelle fest mit dem Rahmen verbunden werden. Dies erfolgt im Regelfall vorn an der Rauchkammer. Die hintere Befesti-

gung ist hingegen flexibel. Der Kessel ruht auf dem so genannten Stehkesselträger. Hier verhindern Klammern, dass sich der Kessel abhebt. Die meist auf dem ⇨Kuppelkasten montierten Schlingerstücke, die auch *Schlingerkeile* genannt werden, verhindern eine seitliche Bewegung. Sie lassen aber Längsbewegungen zu. Die Schlingerkeile müssen beim Anheizen bzw. beim Erkalten des Kessels gelöst werden. Wenn die Betriebstemperatur erreicht ist, werden sie angezogen, dies erfolgt vom Führerstand aus durch eine Klappe unterhalb der Feuertür.

Schmelzpfropfen: Im Betrieb muss die ⇨Feuerbüchse von Wasser umspült sein. Ist der Wasserstand zu gering, kann die Feuerbüchse ausglühen und der Kessel im Extremfall ausglühen. Damit das nicht passiert, sind in der Feuerbüchsdecke je nach deren Größe ein oder zwei Schmelzpfropfen eingeschraubt. Der konische Schmelzpfropfen besteht aus Rotguss. In der Mitte ist eine mit Blei ausgegossene Bohrung. Wird der Schmelzpfropfen durch einen zu geringen Wasserstand zu heiß, schmilzt der Ausguss und Wasser dringt in die Feuerbüchse ein, wo das Feuer teilweise abgelöscht wird. Das Personal muss nun schnellstens das Feuer vom Rost entfernen und die Lok abstellen. Bei Dienstbeginn muss das Personal den Schmelzpfropfen kontrollieren.

Ein Schlepptender der Bauart 2´2´T28 der DR: Im Kasten hinter dem Wasserbehälter wurden meist Ölkannen und größeres Werkzeug (z. B. Brechstangen) aufbewahrt. Obwohl der Tender ein Schürgeräterohr besitzt, werden einige größere Schürgeräte auf Haken an den Seitenwänden des Kohlekastens gelagert.
Foto: Dirk Endisch

Nicht alle Dampflokomotiven besitzen einen Speisedom. Bei den Maschinen der Baureihe 99²³⁻²⁴ sitzt der Speisedom vor dem ersten Sandkasten. Unter dem Speiseventil ist die Waschluke zum Entfernen von Kesselschlamm zu erkennen.

Foto: Dirk Endisch

Die Kolbenspeisepumpe sitzt immer auf der Heizerseite, so auch bei der 75 1118. Der Oberflächenvorwär mer der Bauart Knorr liegt versteckt unter einem Schutzblech vor der Rauchkammer.

Foto: Dirk Endisch

Speisedom: Zahlreiche Dampflokomotiven sind mit einem Speisewasserreiniger ausgerüstet, der im Speisedom sitzt, der meist im vorderen Drittel des Langkessels seinen Platz hat. Im Speisedom enden die beiden Speiseleitungen der Dampfstrahlpumpe (meist rechts) und des Vorwärmers mit der ⇨ Speisepumpe. Der Speisewasserreiniger besteht meist aus nach oben offenen Rosten, über die das Wasser in den Kesselbauch rieselt. Dabei fallen die Kesselsteinbildner aus, die sich als Schlamm am Boden oder in den Rosten absetzen. Der Schlamm wurde beim Auswaschen entfernt. Der Speisewasserreiniger musste auch in regelmäßigen Abständen ausgebaut und gesäubert werden.

Speisepumpe: Jede Dampflok muss mit mindestens zwei Speiseeinrichtungen ausgerüstet sein. Wenn sie keine zweite ⇨ Dampfstrahlpumpe besitzt, ist die zweite Speiseeinrichtung eine Speisepumpe, die nach ihrer Funktionsart auch als *Kolbenspeisepumpe* bezeichnet wird. Die Speisepumpe besteht im Wesentlichen aus dem oberen Dampfteil und dem unteren Wasserteil, die mit einer durchgehenden Kolbenstange verbunden sind. Der Dampfzylinder treibt die Kolbenstange an, die im Wasserteil das Wasser ansaugt und durch den Vorwärmer in den Kessel drückt. Der Wasserteil der Pumpe fördert meist bei der Auf- und Abwärtsbewegung des Kolbens. Zu den bekanntesten Kolbenspeisepumpen gehören die Bauarten Knorr, Nielebock-Knorr, Knorr-Tolkien und KP 4-250. Eine Sonderform der Speisepumpe ist die von der DR für ihren ⇨ Mischvorwärmer entwickelte ⇨ Verbund-Mischpumpe

Speisewasserreiniger: ⇨ *Speisedom*

Spurkranzschmierung: Bei Kurvenfahrt unterliegen meist die Radreifen der vorauslaufenden Laufachse und die folgende Kuppelachse einem sehr hohen Verschleiß, da sie an der Außenschiene anlaufen. Die Spurkranzschmierung soll dies auf ein Minimum beschränken. Bereits in den 1930er-Jahren wurde mit Spurkranzschmierungen, die damals oft als *»Radreifen-Näßeinrichtungen«* bezeichnet wurden, experimentiert. Ein kleine ⇨ Dampfstrahlpumpe spritzte Wasser auf die betreffenden Radreifen. Allerdings erwies sich diese Nässeinrichtung als wenig effizient. Die DR rüstete ihre Maschinen mit der Spurkranzschmierung der *Bauart Heyder* aus. Diese Spurkranzschmierung bestand im Wesentlichen aus einem Fettbehälter und der Sprühdüse. Durch die Seitenbewegung der Räder wurde die Spurkranzschmierung automatisch ausgelöst. Das Fett wurde auf die Spurkränze gespritzt und blieb dann an der Innenseite des Schienenkopfes und am Spurkranz haften.

Stahlfeuerbüchse: ⇨*Feuerbüchse*

Stehbolzen: Die Stehbolzen verbinden die ⇨Feuerbüchse mit dem ⇨Stehkessel. Die runden Stehbolzen versteifen außerdem die Feuerbüchse und den Stehkessel und verhindern damit Ausbeulungen und Eindrücke. Die Anzahl und der Abstand der Stehbolzen hängen von der Größe der Feuerbüchse und dem zulässigen Kesseldruck ab. Im Normalfall beträgt der Abstand zwischen den Stehbolzen 80 und 90 mm. In einem großen Kessel sind rund 1.500 Stehbolzen eingebaut, dabei werden sie an der Innenwand der Feuerbüchse und der Außenwand des Stehkessels verschweißt. In der Mitte besitzt der Stehbolzen eine Kontrollbohrung, die zur Feuerbüchse hin offen ist. Bricht ein Stehbolzen, so gelangt Wasser in die Feuerbüchse. Sind mehrere Stehbolzen gebrochen, muss die Lok abgestellt werden.

Stehkessel: Der Stehkessel ist ein Teil des ⇨Hinterkessels und umschließt die ⇨Feuerbüchse. Die Decke und die Seitenwände des Stehkessels bestehen aus einem Stück, dem so genannten Stehkesselmantel. Die Decke ist meist halbrund. Die Rückwand wird mit dem Mantel entweder doppelt vernietet oder verschweißt. Die Ränder der Rückwand werden dazu gekümpelt (in einem besonderen Verfahren nach vorn geschmiedet). Die Vorderwand wird im unteren Teil nach hinten und im oberen Teil nach vorn gekümpelt. Je nach Konstruktion der Lok ist der Stehkessel entweder zwischen den Rahmenwangen eingezogen oder er liegt auf dem Rahmen.

Steuerbock: Der Steuerbock befindet sich auf der rechten Seite des Führerstandes. Er trägt das Steuerungshandrad, die Steuerspindel und die Skala für die Zylinderfüllung. Das Einstellen der Fahrtrichtung und der Zylinderfüllung erfolgt über das Handrad und die Steuermutter. Die Steuerung wird dabei sinnfällig bedient. Dreht der Lokführer die Steuerung nach vorn, ist die Vorwärtsfahrt eingestellt. Bei den Länder- und Einheitsloks ist der Steuerbock am ⇨Stehkessel befestigt. Bei den Neubau und Reko-Loks der DR hingegen ist der Steuerbock mit dem Rahmen verschraubt.

Steuerung: Als Steuerung werden die der Dampfverteilung dienenden Einrichtungen bezeichnet. Nach der Lage der Steuerorgane wird zwischen *äußerer* und *innerer* Steuerung unterschieden. Die im ⇨ Schieberkasten liegenden ⇨ Flach- und ⇨Kolbenschieber gehören zur inneren Steuerung. Die ⇨ Allan- und ⇨ Heusinger-Steuerung hingegen zur äußeren Steuerung.

Steuerwelle: Die vom Lokführer vorgegebene Zylinderfüllung wird von der Steuermutter über die am Langkessel verlaufende Steuerstange zum Steuerstangenhebel übertragen. Der Steuerstangenhebel und der Aufwurfhebel sitzen auf der drehbar gelagerten Steuerwelle, die die Bewegung des Steuerstangenhebels zur linke Lokseite weiterleitet.

Stopfbuchse: Die Stopfbuchse dichtet die Kolbenstange in der Bohrung des Zylinderdeckels ab. Kolbenstopfbuchsen bestehen aus zwei in Längsrichtung geteilten Schalen, die dicht eingeschliffen

Die Steuerwelle der 97 501.
Foto: Dirk Endisch

werden und drei Kammern bilden. Jede Kammer besitzt zwei Dichtringe aus Gusseisen, die von Stahlfedern zusammengehalten werden. Passstifte und Schrauben halten die Halbschalen zusammen.

Stoßpuffer: Das ➪ Hauptkuppeleisen zwischen Lok und ➪ Schlepptender muss immer straff gespannt sein, dies übernehmen die beiden Stoßpuffer, die gegen die Gleitplatten am ➪ Kuppelkasten der Lok drücken. Die Stoßpuffer dämpfen außerdem die Dreh- und Schlingerbewegungen der Lok.

Strahlungsheizfläche: Die Strahlungsheizfläche, auch *Feuerbüchsheizfläche* oder *direkte Heizfläche* ist die vom Feuer direkt berührte Heizfläche und bringt die größte Verdampfungsleistung im Kessel. Deshalb wurde die Strahlungsheizfläche der ➪ Feuerbüchse später durch eine ➪ Verbrennungskammer vergrößert.

Stromlinienverkleidung: In den 1930er-Jahren suchte die DRG nach Möglichkeiten, wie sie den Luftwiderstand ihrer Schnellzugdampflokomotiven verringern könnte. In Zusammenarbeit mit der Firma Borsig und an zahlreichen Modellen im Windkanal wurden verschiedene leichte Blechverkleidungen erprobt. Die 05 001 und 05 002 erhielten schließlich als erste Maschinen eine Stromlinienverkleidung, die bei 160 km/h einen Zugkraft-Gewinn von bis zu 60 Prozent brachte.

Strube-Pumpe: ➪ *Dampfstrahlpumpe*

T

Tender: ➪ *Schlepptender*

Tenderbrücke: Den Zwischenraum zwischen der Lok und dem ➪ Schlepptender überdeckt die Tenderbrücke. Sie besteht aus Riffelblech und ist am Führerhaus montiert. Die Tenderbrücke ermöglicht dem Heizer beim Beschicken des Feuers einen festen Stand. Die Loks der Baureihe 52 besaßen keine Tenderbrücke.

Totpunktlage: Bilden Treibzapfen, Treibstange und Kolbenstange eine gerade Linie, kann die Lok nicht anfahren, da dem Hebelarm der Kurbelwinkel zum Erzeugen des Drehmoments fehlt. Die in den Stangen übertragenen Kräfte wirken dann direkt auf den Kreuzkopfbolzen und den Treibzapfen. Die Lage wird als »Totpunkt« bezeichnet. Bei einer Zweizylinderlok wurden deshalb rechter und linker Treibzapfen um 90° versetzt, damit eine Seite auf jeden Fall anfahren kann, wenn die andere Zylinderseite sich in der Totpunktlage befindet.

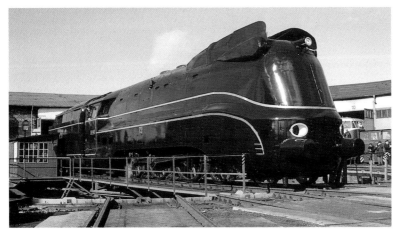

Derzeit einzige betriebsfähige Stromlinien-Dampflok Deutschlands ist die 01 1102. Die blau lackierte Lok sorgt immer für Aufsehen.
Foto: Dirk Endisch

Tragfedern: Der Rahmen stützt sich über die Tragfedern auf dem Achslager ab. Als Tragfedern dienen bei Dampfloks fast ausschließlich Blattfedern, die entweder unter- oder oberhalb der Achslager hängen. Die Federn zehren einen großen Teil der Stoßkräfte durch Reibung zwischen den einzelnen Federblättern auf. Einzelne Tragfedern sind durch ⇨Ausgleichhebel miteinander verbunden.

Treibzapfen: In den Kurbelarm der Treibachse wird der Treibzapfen eingepresst. Der Treibzapfen ist deutlich größer, als der ⇨Kuppelzapfen, weil die Treibstange direkt auf den Treibzapfen wirkt. Der Treibzapfen gibt das Drehmoment an die ⇨Kuppelstangen ab. Außerdem sitzt auf dem Treibzapfen die ⇨Gegenkurbel.

Trofimoff-Schieber: ⇨*Druckausgleich-Kolbenschieber*

Turbogenerator: Der Turbogenerator, auch Lichtmaschine genannt, erzeugt den für die ⇨elektrische Beleuchtung benötigten Strom. Der Turbogenerator besteht im Wesentlichen aus einer kleinen Dampfturbine und einem Generator, der bei einer Spannung von 24 Volt (Wechselstrom) eine Leistung von maximal 0,5 kW erzeugen kann. Ein Fliehkraftregler begrenzt die Drehzahl der Turbine, die bei Dampfdrücken zwischen 4,5 und 16 kp/cm² arbeitet, auf 3.600 Umdrehungen pro Minute.

U

Überhitzter: Im Überhitzter wird der Nass- in Heißdampf umgewandelt. Heißdampfloks verbrauchen deutlich weniger Wasser und Brennstoff bei einer höheren Leistung. Der nach seinem Erfinder Wilhelm Schmidt (1858–1924) benannte Rauchrohrüberhitzer erzeugt je nach Größe Heißdampf mit Temperaturen zwischen 300° C bis 450° C. Der Überhitzer besteht im Wesentlichen aus dem ⇨Dampfsammelkasten und den Überhitzerelemen-

An diesem aufgeschnittenen Kessel sind sehr gut der Dampfsammelkasten und die Überhitzerelemente zu erkennen.
Foto: Dirk Endisch

ten, die in den ⇨Rauchrohren eintauchen. Der Nassdampf strömt von der Nassdampfkammer in die Überhitzerelementen, wo er noch einmal erhitzt wird. Der so entstandene Heißdampf gelangt in die Heißdampfkammer des Dampfsammelkastens und von dort in die ⇨Einströmrohre.

Überreißen von Wasser: Öffnet der Lokführer den Regler zu schnell, ist der Wasserstand im Kessel zu hoch oder schäumt das Wasser im Kessel zu stark, kann der Dampf große Mengen Wasser in die Zylinder mitreißen. Diese Gefahr besteht nicht nur bei Nassdampfloks, sondern auch bei Heißdampfmaschinen, da der ⇨Überhitzter die Wassermassen nicht verdampfen kann. Ein Teil des Wassers wird durch den Auspuffschlag ins Freie gerissen (auch als »Kotzen« bezeichnet). Kurz vor Hubende schließt jedoch der Schieber die Ausströmung und das restliche Wasser kann bei geschlossenen Zylinderentwässerungsventilen nicht mehr entweichen. Ist die im Zylinder eingeschlossene Wassermenge größer als der ⇨schädliche Raum kommt es zu einem ⇨Wasserschlag: Das Wasser wird gegen den Zylinderdeckel gedrückt. Da Wasser nicht so stark komprimiert werden kann wie Gas, werden die umlaufenden Massen des Kolbens, der Kolbenstange und der Treibstange einem starken Gegendruck ausgesetzt, der zu schweren Schäden am Triebwerk und am Rahmen führen kann. Verbogene Treibstangen, gebrochene Zylinderdeckel und Treibzapfen gehören zu den häufigsten Schäden.

Um das Überreißen von Wasser zu verhindern, müssen die Zylinder deshalb vor der Abfahrt gründlich vorgewärmt werden. Außerdem werden kurz nach dem Anfahren die Zylinderentwässerungsventilen geöffnet, damit das entstandene Kondenswasser entweichen kann.

Umlauf: ⇨*Laufblech*

V

Ventilregler: ⇨*Regler*

Ventilsteuerung: Im Unterschied zur ⇨Schiebersteuerung regeln bei der Ventilsteuerung Ein- und Auslassventile die Dampfverteilung im Zylinder. Für die Ventilsteuerung sprechen die kurzen Ein- und Ausströmzeiten, was die Drosselverluste deut-

lich verringert. Allerdings sind Ventilsteuerungen in der Wartung sehr teuer. Deshalb konnten sich weder die von Arturo Caprotti (1881–1938) noch die von Hugo Lentz (1859–1944) entwickelten Ventilsteuerungen durchsetzen. Nur wenige deutsche Dampfloks besaßen eine Ventilsteuerung.

Verbundlok: Bei einer Verbundlok wird der Dampf in zwei Arbeitsschritten entspannt. Zuerst gelangt der Dampf in den ⇨ Hochdruckzylinder, wo er teilentspannt wird. Über den Verbinder strömt der Dampf zum ⇨Niederdruckzylinder, wo der Dampf völlig entspannt wird. Verbundlokomotiven gibt es mit zwei, drei oder vier Zylindern. Vierzylinderverbund-Maschinen haben einen sehr guten Massenausgleich und hervorragende Laufeigenschaften, weshalb vor allem Schnellzugloks damit ausgerüstet wurden. Die Verfechter der Verbundloks unterstrichen außerdem, dass diese aufwändigen Triebwerke weniger Wasser und Kohle verbrauchen würden. Vor allem die süddeutschen Länderbah-

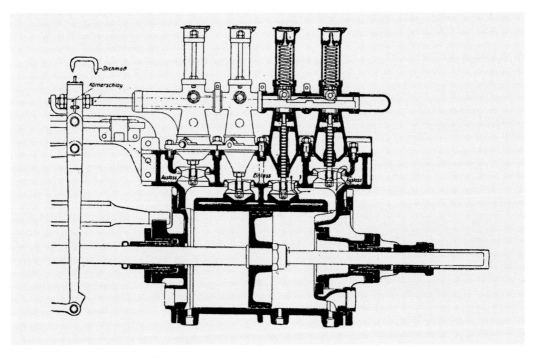

Schnitt durch eine Lentz-Ventilsteuerung. Zeichnung: Archiv Dirk Endisch

Die VMP-Pumpe der DR: Unten ist der Wasserteil der Pumpe zu erkennen. Foto: Dirk Endisch

nen setzten auf die Verbund-Technik, deren vielteilige Triebwerke jedoch in der Konstruktion, Beschaffung und Wartung sehr teuer waren und damit letztlich den einfacheren Zwei- und Dreizylinderloks unterlagen. Die DRG beschaffte fast ausschließlich Maschinen mit einfacher Dampfdehnung. Nur einige Versuchs- und Probeloks hatten ein Verbundtriebwerk.

Verbund-Mischpumpe: Die Verbund-Mischpumpe ist eine besondere Bauform der ⇨ Speisepumpe. Die DR entwickelte für ihren ⇨ Mischvorwärmer der Bauart IfS die *Verbund-Mischpumpe mit Peterssteuerung* (VMP) 15-20. Sie kann in einer Stunde 15 m^3 Wasser gegen einen Kesseldruck von 20 kp/cm^2 fördern. Die VMP besteht im Wesentlichen aus dem oberen Dampf- und unteren Wasserteil. Der Hoch- und der Niederdruckzylinder des Dampfteils liegen nebeneinander. Der Niederdruck-Dampfzylinder treibt den Kaltwasserkolben an, der das Speisewasser in den Mischkasten drückt. Der linke Hochdruckzylinder hingegen saugt das heiße Wasser aus dem Mischkasten an und drückt es anschließend in den Kessel.

Verbrennungskammer: Die Verbrennungskammer dient dazu, die hochwertige ⇨ Strahlungsheizfläche der ⇨ Feuerbüchse zu vergrößern. Dazu wird der vordere Teil der Feuerbüchse in den Langkes-

sel hinein verlängert. Durch die Verbrennungskammer können die Heizgase besser ausbrennen, was die Feuerbüchsrohrwand schont. Die Verbrennungskammern in deutschen Kesseln waren zwischen 750 und 1.150 mm lang. Durch die Verbrennungskammer konnte die Heizflächenbelastung der Kessel deutlich angehoben werden.

Vorwärmer: Als Vorwärmer werden Anlagen und Einrichtungen zum Vorwärmen des Kesselspeisewassers bezeichnet. Zum Vorwärmen des Wassers werden zumeist der Abdampf der Maschine und ihrer Hilfsbetriebe genutzt. Rauchgas-Vorwärmer, wie die der Bauart ⇨ Franco-Crosti, konnten sich in Deutschland nicht durchsetzen. Vorwärmer verbessern die Wärmebilanz der Dampflok erheblich. Nach ihrem Funktionsprinzip werden die Vorwärmer in ⇨ Oberflächen- und ⇨ Mischvorwärmer unterschieden.

W

Waschluke: Die in den Kessel eingebauten verschließbaren Waschluken ermöglichen die Reinigung des Dampferzeugers und das Entfernen des Kesselsteins. Die Waschluke besteht aus dem mit dem Kessel festverbundenen Waschlukenfutter aus Stahl (eingeschweißt) oder Rotguss (eingeschraubt) und dem Lukenpilz, der von dem Lukenbügel festgehalten wird. Als Dichtung wischen Lukenfutter und Lukenpilz dient ein Ring aus Kupfer mit einer Asbesteinlage. Die Waschluken sind entweder rund oder oval. Ein meist kreisrunder Deckel verkleidet die Waschluken an den sichtbaren Stellen des Kessels.

Wasserkasten: Als Wasserkasten wird der Vorratsbehälter für das Kesselspeisewasser bezeichnet. Der Wasserkasten ist bei ⇨ Schlepptendern das Hauptbauteil. Bei Tenderloks befinden sich die Wasserkästen meist links und rechts des Steh- und Langkessels. An der Führerhausrückwand unterhalb des ⇨Kohlekastens ist bei zahlreichen Tenderloks ein weiterer Wasserkasten angebracht. Die einzelnen Zisternen sind durch Rohre miteinander verbunden. Einige Tendermaschinen wurden auch mit einem Wasserkasten unterhalb des Stehkessels ausgerüstet oder erhielten, wie z. B. die bekannten ELNA-Loks, einen Wasserkasten, der zwischen den Rahmenwangen hing. Eine Sonderform stellt der *Krausssche Wasserkasten* dar. Georg Ritter von Krauss (1826–1906) entwickelte 1864 einen Rahmen, der gleichzeitig als Wasserkasten diente. Mit dieser sehr leichtem und materialsparenden Konstruktion wurde zuerst eine Tenderlok der Oldenburgischen Staatsbahn ausgerüstet.

Windleitbleche geben zahlreichen Baureihen ein unverwechselbares Aussehen. Bundes- und Reichsbahn rüsteten nach dem Zweiten Weltkrieg ihre Dampfloks meist mit den kleinen Windleitblechen aus.
Foto: Dirk Endisch

Wasserschlag: ⇨*Überreißen von Wasser*

Wasserstand: ⇨*Wasserstandsanzeiger*

Wasserstandsanzeiger: Nach der EBO muss jeder Kessel mit mindestens zwei voneinander unabhängigen Wasserstandsanzeigern ausgerüstet sein, wovon mindestens einer ein Wasserstandsglas sein muss, das ständig den *Wasserstand* anzeigt. Der niedrigste zulässige Wasserstand beträgt 100 mm über dem höchsten Punkt der Feuerbüchsdecke. Dieser niedrigste Wasserstand wird durch eine feste Markierung am Wasserstandsanzeiger angezeigt. Zahlreiche ältere Dampfloks besitzen anstelle des zweiten sichtbaren Wasserglases zwei oder drei Probierhähne. Dabei soll aus dem oberen immer Dampf, aus dem mittleren ein Wasser-Dampf-Gemisch und aus dem unteren Hahn immer Wasser austreten.

Windleitbleche: Windleitbleche geben Dampflokomotiven ein unverwechselbares Aussehen. Die meist links und rechts neben der Rauchkammer abgebrachten Bleche haben die Aufgabe, die Rauchgase und den Abdampf von der Lok wegzuleiten, damit das Personal nicht bei der Streckenbeobachtung behindert wird. Die DRG entwickelte die ersten Windleitbleche, da durch die großen

Kessel und weiten ⇨Blasrohre Rauch und Abdampf in die Führerhäuser gelangten. Die großen, fälschlicherweise als Wagner-Bleche bezeichneten Windleitbleche waren typisch für die Einheitsloks. Auch einige Länderbahn-Gattungen sind nachträglich mit Windleitblechen ausgerüstet wurden. Während des Zweiten Weltkrieges wurden schließlich unter maßgeblicher Beteiligung des Bauart-Dezernenten Friedrich Witte die kleinen Windleitbleche entwickelt, mit denen zuerst die Baureihe 52 ausgerüstet wurde. Mit diesen oft als Witte-Windleitblechen bezeichneten Blechen rüsteten DB und DR später nicht nur ihre Neubau-, Umbau- und Rekoloks aus. Auch bei fast allen Einheitsloks wurden die großen Bleche durch die kleineren aber effektiveren Bleche ersetzt. Bei der DR behielten lediglich die Altbau-Loks der Baureihe 01 die großen Windleitbleche.

Winterthur-Druckausgleicher: ⇨*Druckausgleicher*

Winterthur-Schleife: Die Winterthur-Schleife ist ein Teil der ⇨Heusinger Steuerung. Bei der von der Schweizer Lokomotiv- und Maschinenfabrik Winterthur (SLM) entwickelten Bauart entfällt das ⇨Hängeeisen. Aufwurfhebel und Schwinge sitzen direkt auf der ⇨Steuerwelle. Der Aufwurfhebel greift direkt in die vor der Schwinge liegende Schleife der ⇨ Schieberschubstange. Mit der Winterthur-Schleife waren u. a. die Loks der Baureihe 95° ausgerüstet.

Winterthur-Steuerung: ⇨*Winterthur-Schleife*

Wurfhebelbremse: Die Wurfhebelbremse wird auch als *Handbremse* bezeichnet. Sie ist meist quer zur Längsachse der Maschine an der Rückwand des Führerhauses angebracht. Die Handbremse ist eine so genannte Kniehebelbremse. Durch ein besonderes Zwischenstück wird die Übersetzung deutlich verstärkt. Beim Umlegen der Wurfhebelbremse wird zuerst mit einer kleinen Übersetzung das Spiel der Bremsklötze überwunden, die sich nun an die Radreifen legen. Anschließend wird mit der zweiten, deutlich größeren Übersetzung (durch einen kleineren Hebelarm) die maximale Bremskraft erreicht. Mit einem so genannten Nachstellschlüssel kann die Wurfhebelbremse eingestellt werden.

Z

Zentralschmierung: Die Zentralschmierung versorgt von einem Punkt aus mehrere Schmierstellen gleichzeitig mit Öl. Bei Dampflokomotiven sind meist die unter Dampf gehenden Teile (Kolben und Schieber) mit einer Zentralschmierung ausgerüstet. Die Schmierpumpen der Bauarten ⇨Bosch, ⇨De Limon und ⇨Michalk sind meist auf der Heizerseite angebracht und werden von

der letzten Kuppelachse über ein Hebelwerk angetrieben. Die ⇨Luft und ⇨Speisepumpen besitzen kleinere Schmierpumpen für ihre Kolben.

Zughaken: Der Zughaken ist ein Teil der Zugeinrichtung. Deren wichtigste Teile sind der Zughaken, die Zughakenführung, die Zughakenfeder, das Zugeisen und die Schraubenkupplung. Die DRG ersetzte den fest gelagerten Zughaken durch einen nach links und rechts beweglichen. Der Zughaken ist an einer Rahmenverbindung befestigt. Die Zughakenfedern dämpfen die auftretenden Stöße.

Zugkraft: Unter Zugkraft versteht man die von der Lok zum Erreichen und zum Erhalt des Bewegungszustandes entwickelte Kraft. Mit steigender Geschwindigkeit nimmt die Zugkraft ab. Die Zugkraft wird nach ihrem Entstehen als Zugkraft aus der *Reibungsmasse,* aus der *Zylinderleistung* und der *Kesselleistung* unterschieden. Die Zugkraft aus der Zylinderleistung wird auch als *indizierte Zugkraft* bezeichnet.

Zusatzbremse: Die Zusatzbremse ist eine nicht selbsttätige ⇨ Druckluftbremse, die nur auf die Lok wirkt. Die Zusatzbremse ist nur für Leer- und Rangierfahrten sowie für exakte Zielbremsungen gedacht, da sie sehr fein reguliert werden kann und kurze Ansprechzeiten hat. Die Zusatzbremse ist mit der selbsttätigen Druckluftbremse für den Zug über ein Doppelrückschlagventil verbunden.

zweistufige Luftpumpe: ⇨Luftpumpe

10. Anhang

Abkürzungen

AW	Ausbesserungswerk
BD	Bundesbahndirektion
BR	Baureihe
Bw	Bahnbetriebswerk
Bwst	Betriebswerkstätte
BZA	Bundesbahn-Zentralamt
DB	Deutsche Bundesbahn
DB AG	Deutsche Bahn AG
DR	Deutsche Reichsbahn in der DDR
DRG	Deutsche Reichsbahn-Gesellschaft
EBO	Eisenbahn-Bau- und Betriebsordnung
FVA	Fahrzeug-Versuchsanstalt Halle (Saale); ab 1. Januar 1960 Versuchs- und Entwicklungsstelle der Maschinenwirtschaft (VES-M)
HD	Hochdruck
HvM	Hauptverwaltung der Maschinenwirtschaft
IfS	Institut für Schienenfahrzeuge Berlin-Adlershof
L0	Schadgruppen-Bezeichnung für Bedarfsausbesserung
L2, L5	Schadgruppen-Bezeichnung für Zwischenausbesserung
L3, L6	Schadgruppen-Bezeichnung für Zwischenuntersuchung
L4, L7	Schadgruppen-Bezeichnung für Hauptuntersuchung
LVA	Lokomotiv-Versuchsabteilung Berlin-Grunewald (ab 2. Februar 1938 Lokomotiv-Versuchsamt)
ND	Niederdruck
RAW/Raw	Reichsbahnausbesserungswerk
RBD/Rbd	Reichsbahndirektion
RVM	Reichsverkehrsministerium
RZA	Reichsbahn-Zentralamt
TH	Technische Hochschule
VB	Vereinheitlichungsbüro der deutschen Lokomotivindustrie
VEB	Volkseigener Betrieb
VES-M	Versuchs- und Entwicklungsstelle der Maschinenwirtschaft

Quellen und Literatur

Technische Darstellungen

- Alexander, J.: Die Lokomotive ihr Bau und ihre Behandlung, Leitfaden für Lokomotivführeranwärter; Altona-Ottensen 1927.
- Brosius, J.; Koch, R.: Die Schule des Locomotivführers, I. Abtheilung; Wiesbaden 1899.
- Brosius, J.; Koch, R.: Die Schule des Locomotivführers, II. Abtheilung; Wiesbaden 1899.
- Brosius, J.; Koch, R.: Die Schule des Locomotivführers, III. Abtheilung: Der Fahrdienst; Wiesbaden 1899.
- Denzin, Paul: Die Dampflokomotive, Aufsätze für Lokomotivführeranwärter und sonstige Anwärter des technischen und nichttechnischen Eisenbahndienstes; Schwerin (Meckl) 1950.
- Deutsche Reichsbahn (Hrsg.): Handbuch für Lokomotivführer und Lokomotivführeranwärter, Band I: Der Kessel und seine Ausrüstung; Berlin, Wien, Leipzig 1944.
- Deutsche Reichsbahn (Hrsg.): Handbuch für Lokomotivführer und Lokomotivführeranwärter, Band III: Behandlung der Lokomotiven im Betriebe; Berlin, Wien, Leipzig 1944.
- Eckhardt, OB.-Ing. Friedrich W.: Die Konstruktion der Dampflokomotive und ihre Berechnung; Berlin 1952.

- Garbe, Robert: Die Dampflokomotiven der Gegenwart; Berlin 1920.
- Hallmann, Rudi: Der Lokheiter bei der Deutschen Reichsbahn; Leipzig 1955.
- Henschel & Sohn AG: Henschel-Lokomotiv-Taschenbuch; Kassel 1935.
- Meineke, F.; Röhrs, Fr.: Die Dampflokomotive, Lehre und Gestaltung; Berlin, Göttingen, Heidelberg 1949.
- Niederstraßer, Leopold: Leitfaden für den Dampflokomotivdienst; Leipzig 1950.
- Schwarze, Johannes (Ltg.): Die Dampflokomotive, Entwicklung, Aufbau, Wirkungsweise, Bedienung und Instandhaltung sowie Lokomotivschäden und ihre Beseitigung; Berlin 1965.
- Wendler, Hans: Die Dampflokomotiven der Deutschen Reichsbahn; Berlin 1952.

Dienstvorschriften

- Deutsche Bundesbahn: Zugförderungsvorschrift; Dienst auf Dampflokomotiven (DV 948 B/1); Minden 1964.
- Deutsche Reichsbahn: Dienstvorschrift für den Dienst auf und an Triebfahrzeugen (Tfz-Dienst, DV 938); Berlin 1973.
- Deutsche Reichsbahn: Dienstvorschrift für den Dienst auf und an Triebfahrzeugen (Tfz-Dienst, DV 938 Th. 3); Teilheft 3 Dampflokomotiven; Berlin 1973.
- Deutsche Reichsbahn-Gesellschaft: Dienstvorschrift für Dampflokomotiven (DV-Lok); Köln 1927.

Heizwerte ausgewählter Brennstoffe (gerundete Mittelwerte)

Brennstoff	Heizwert (kcal/kg)
Anthrazit	8.000
Steinkohlen (Ruhrgebiet)	7.200 bis 7.900
Steinkohlenbriketts (Ruhrgebiet)	7.400
Steinkohle (Oberschlesien)	6.800 bis 7.400
Steinkohlenbriketts (Oberschlesien)	6.800
Steinkohlenkoks	6.700 bis 7.000
Rohbraunkohle	2.100 bis 2.900
Braunkohlenbriketts	4.500 bis 5.100
Torf (trocken)	3.500
Holz	3.400 bis 4.100
Heizöl (schwer)	9.700

Gesetzlich vorgeschriebene Grundausrüstung des Lokomotivkessels

1. Zwei voneinander unabhängige Speisevorrichtungen, von denen jede allein den Kessel mit der notwendigen Wassermenge vorsorgen kann. Mindestens eine Speisevorrichtung muss auch beim Stillstand der Lokomotive arbeiten.

2. An jeder Einmündung einer Speiseleitung in den Kessel muss eine Speiseventil vorhanden sein, das den Wasser- oder Dampfabfluss auf dem Kessel selbsttätig verhindert. Die Speiseventile müssen auch von Hand geschlossen werden können, oder es muss zwischen Kessel und Speiseventil eine spezielle. von Hand zu bedienende Absperrvorrichtung eingebaut werden. Das Kesselspeiseventil ist aus diesem Grund eine kombiniertes Absperr- und Rückschlagventil.

3. Der Kessel muss mit zwei voneinander unabhängigen Vorrichtung zum Erkennen des Wasserstandes ausgerüstet sein. Mindestens eine dieser Vorrichtungen muss ein Wasserstandsglas sein.

4. An der Kesselwand hinter dem Wasserstandsglas muss eine Marke für den festgesetzten niedrigsten Wasserstand angebracht sein. Der niedrigsten Wasserstand muss mindestens 100 mm über dem höchsten Wasser benetzten Punkt der feuerbüchse liegen.

5. Der Kessel muss mit mindestens zwei Sicherheitsventilen ausgerüstet sein. Die Sicherheitsventile müssen konstruktiv so gestaltet sein, dass der eingestelle Druck nicht ohne Lösen der Plombe oder Verändern der Kontrollhülse gesteigert werden kann. Außerdem müssen die Sicherheitsventile so ausgelegt sein, dass sie vom ausströmenden Dampf nicht fortgeschleudert werden, wenn sie unbeabsichtigt abblasen.

6. Der Kessel muss mit einem Druckmesser ausgerüstet werden, der immer den im Kessel herrschenden Druck anzeigt. Auf dem Zifferblatt des Manometers muss der höchste zulässige Kesseldruck durch eine unverstellbare und deutlich zu erkennende Markierung bezeichnet werden.

7. Der Kessel muss mit einem Flansch für ein Prüfmanometer ausgerüstet sein.

8. Der Kessel muss mit einem Fabrikschild aus Metall ausgerüstet sein, welches den höchsten zulässigen Kesseldruck, den Namen des Herstellers, das Baujahr und die Fabriknummer angibt. Das Fabrikschild muss so am Kessel befestigt sein, dass es auch nach Entfernen der Kesselverkleidung sichtbar ist.